dtv

Naturwissenschaftliche Einführungen im dtv

Herausgegeben von Olaf Benzinger

Wolfgang Blum, geboren 1959, studierte Mathematik. Nach seiner Promotion war er drei Jahre Assistent am Mathematischen Institut der Universität Erlangen. Heute ist er Wissenschaftsjournalist und arbeitet vor allem für die ›Zeit‹, ›Geo‹, ›Bild der Wissenschaft‹ und den ›Bayerischen Rundfunk‹.

Die Grammatik der Logik

Einführung in die Mathematik

Von
Wolfgang Blum

Mit Schwarzweißabbildungen von
Nadine Schnyder

Deutscher Taschenbuch Verlag

Ein Überblick über die gesamte Reihe findet sich am Ende des Bandes.

Originalausgabe
Februar 1999

Umschlagkonzept: Balk & Brumshagen
Umschlagbild: Ausschnitt des Werkes ›Regular Division of the Plane II‹ von M.C. Escher
Redaktion und Satz: Lektyre Verlagsbüro
Olaf Benzinger, Germering
Druck und Bindung: C. H. Beck'sche Buchdruckerei, Nördlingen
Gedruckt auf säurefreiem, chlorfrei gebleichtem Papier
Printed in Germany · ISBN 3-423-33037-6

Inhalt

Vorbemerkung des Herausgebers 7

Das Jahrhundertereignis 9

Von Null bis Unendlich 17

Zahl 18
Raum 35
Bewegung 55
Unendlichkeit 62
Wahrscheinlichkeit 70
Optimierung 84
Beweis 94

Mathematik ist überall 105

Anhang

Glossar 119
Weitere Literatur 125
Register 127

Vorbemerkung des Herausgebers

Die Anzahl aller naturwissenschaftlichen und technischen Veröffentlichungen allein der Jahre 1996 und 1997 hat die Summe der entsprechenden Schriften sämtlicher Gelehrter der Welt vom Anfang schriftlicher Übertragung bis zum Zweiten Weltkrieg übertroffen. Diese gewaltige Menge an Wissen schüchtert nicht nur den Laien ein, auch der Experte verliert selbst in seiner eigenen Disziplin den Überblick. Wie kann vor diesem Hintergrund noch entschieden werden, welches Wissen sinnvoll ist, wie es weitergegeben werden soll und welche Konsequenzen es für uns alle hat? Denn gerade die Naturwissenschaften sprechen Lebensbereiche an, die uns – wenn wir es auch nicht immer merken – tagtäglich betreffen.

Die Reihe ›Naturwissenschaftliche Einführungen im dtv‹ hat es sich zum Ziel gesetzt, als Wegweiser durch die wichtigsten Fachrichtungen der naturwissenschaftlichen und technischen Forschung zu leiten. Im Mittelpunkt der allgemeinverständlichen Darstellung stehen die grundlegenden und entscheidenden Kenntnisse und Theorien, auf Detailwissen wird bewußt und konsequent verzichtet.

Als Autorinnen und Autoren zeichnen hervorragende Wissenschaftspublizisten verantwortlich, deren Tagesgeschäft die populäre Vermittlung komplizierter Inhalte ist. Ich danke jeder und jedem einzelnen von ihnen für die von allen gezeigte bereitwillige und konstruktive Mitarbeit an diesem Projekt.

Der vorliegende Band begleitet uns auf eine Reise durch die Mathematik – von Pythagoras bis hin zur modernen Informatik. Mit wunderbarer Leichtigkeit und viel Humor führt Wolfgang Blum durch Zahlentheorie und Logik, durch Beweisführung und Wahrscheinlichkeitsberechnung, durch Kurvenanalyse und Grenzen der rechnerischen Erfaßbarkeit. Im Mittelpunkt der Darstellung steht dabei stets die Überlegung, daß Mathematik kein geistig-spielerischer Selbstzweck ist, sondern der konkreten naturwissenschaftlichen Anwendung folgt, denn das Universum ist – wie Galilei formulierte – »in der Sprache der Mathematik geschrieben, und deren Buchstaben sind Kreise, Dreiecke und andere geometrische Figuren, ohne die es dem Menschen unmöglich ist, ein einziges Wort davon zu verstehen«.

Olaf Benzinger

Das Jahrhundertereignis

»Ich denke, das genügt.« Kaum waren die letzten Worte des Vortragenden verklungen, standen die rund zweihundert Zuhörer an der Universität im englischen Cambridge auf und klatschten frenetisch. Zwar konnten die meisten den komplizierten Berechnungen an der Tafel, die mit griechischen Symbolen und algebraischen Formeln dicht beschrieben war, kaum folgen, doch eines war allen klar: Sie hatten soeben einen historischen Moment erlebt. Dem Referenten, Andrew Wiles von der amerikanischen Universität Princeton, war es gelungen, eine Nuß zu knacken, an der sich mehr als drei Jahrhunderte lang die klügsten Köpfe vergebens die Zähne ausbissen: dem Fermatschen Theorem.

Pierre de Fermat (1601 – 1665) verdiente als Jurist im Frankreich des 17. Jahrhunderts sein Brot. In seiner Freizeit trieb er begeistert Mathematik und galt bald als »Fürst der Amateure«. Seine Zeitgenossen nervte er, indem er ihnen zwar seine Ergebnisse mitteilte, jedoch nicht, wie er darauf gekommen war. Das sollten die Angeschriebenen schon selbst herausbringen. Seine berühmte Vermutung krakelte er auf den Rand einer Seite des Buches ›Arithmetika‹, das Diophant von Alexandria (um 300 nach Christus) bereits im Altertum verfaßt hatte. Daneben schrieb er: »Für diese Behauptung habe ich einen wahrhaft wunderbaren Beweis gefunden, aber dieser Rand ist zu schmal, ihn zu fassen.«

Den wahrhaft wunderbaren Beweis nahm Fermat mit ins Grab. Die Behauptung veröffentlichte postum sein ältester Sohn. Fortan sollten ganze Generationen von Mathematikern an der Randnotiz verzweifeln, bis schließlich 1994 Andrew Wiles die klaffende Wunde im Herz der Mathematik schließen konnte. Sein Beweis fußt auf vielen Methoden, welche die mathematische Forschung erst in der zweiten Hälfte des 20. Jahrhunderts hervorbrachte. Daß Fermat ihn bereits gekannt hat, ist daher mit Sicherheit auszuschließen. Hatte er vielleicht einen anderen Zugang entdeckt, den alle seine Nachfolger bislang übersehen hatten? Höchstwahrscheinlich nicht. Vermutlich erging es Fermat wie unzähligen nach ihm, und er war einem logischen Trugschluß aufgesessen.

Unbewiesene Vermutungen gibt es in der Mathematik in Hülle und Fülle. Doch kaum eine hat eine ähnlich lange Geschichte. Und viele bleiben für den Laien unverständlich. Die Aussage von Fermat hingegen kann jeder verstehen. Worum geht es? Der Satz von Pythagoras wird bis heute jedem Schüler eingebleut. Nach ihm gilt für jedes rechtwinklige Dreieck: Die Summe der Quadrate über den Katheten (den Seiten, die am 90-Grad-Winkel anliegen) ist gleich dem Quadrat über der Hypotenuse (der Seite gegenüber dem rechten Winkel), in Zeichen

$$x^2+y^2=z^2$$

(x^2 steht dabei für x mal x).

Für diese Gleichung gibt es ganzzahlige Lösungen, etwa $x=3$, $y=4$, $z=5$, denn $3^2+4^2 = 9+16 = 25 = 5^2$ oder $x=12$, $y=5$, $z=13$, denn $12^2+5^2 = 144+25 = 169 = 13^2$. Was ist aber, wenn nicht Quadrate betrachtet werden, sondern höhere Potenzen, Kuben zum Beispiel. Hat die Gleichung $x^3+y^3=z^3$ ganzzahlige Lösungen x, y, z, die alle von Null verschieden sind? (x^3 ist die abkürzende Schreibweise für x mal x mal x.) Und wie steht es mit $x^4+y^4=z^4$? Oder $x^5+y^5=z^5$? In der Sprache der Mathematiker ausgedrückt: Hat die Gleichung

$$x^n+y^n=z^n$$

ganzzahlige, von Null verschiedene Lösungen x, y, z, wenn n eine ganze Zahl größer als 2 ist? (x^n bedeutet x n-mal mit sich selbst multipliziert, die hochgestellte Zahl n heißt Exponent.) Fermats Antwort lautete nein. Aber nur sein Beweis für den Fall $n=4$ blieb als Randbemerkung an einer anderen Stelle der Arithmetika erhalten.

Der Schweizer Mathematiker Leonhard Euler (1707 – 1783) konnte im 18. Jahrhundert den Fall $n=3$ erledigen, $n=5$ folgte einige Jahrzehnte später. Immerhin war die Vermutung damit zugleich für alle Exponenten bewiesen, die ein Vielfaches von 3 oder 5 sind. Denn in diesen Fällen lassen sich die Gleichungen umschreiben. Für $x^6+y^6 = z^6$ zum Beispiel gilt

$$(x^2)^3+(y^2)^3 = x^6+y^6 = z^6 = (z^2)^3.$$

Aus jeder Lösung der Gleichung für $n=6$ ergibt sich somit eine für $n=3$. Da es für $n=3$ aber nach dem Beweis von Euler keine Lösung geben kann, muß die Fermatsche Gleichung auch für $n=6$ unlösbar sein.

Die erhofften Fortschritte auf dem Weg zu einem allgemeinen Beweis blieben indes aus. Ende des 19. Jahrhunderts drohte Fermats Satz einen Platz in der Mathematik einzunehmen wie die Alchimie in der Chemie, als törichte romantische Träumerei einer vergangenen Epoche. Doch es kam anders. Schuld daran waren in der sonst eher weltabgewandten mathematischen Welt flammende Liebe – und schnöder Mammon.

Als sich der Darmstädter Industrielle Paul Wolfskehl (1856 bis 1906) von seiner Angebeteten einen Korb holte, nahm ihn das derart mit, daß er beschloß, sich umzubringen. Um Punkt Mitternacht wollte sich der studierte Mathematiker und Arzt in den Kopf schießen. Als er bereits vor diesem Zeitpunkt sein Testament geschrieben und alles andere geregelt hatte, begann er zum Zeitvertreib in der Bibliothek Arbeiten über Fermats Satz zu studieren. Darüber vergaß er die Zeit, der Termin verstrich. Wolfskehl verwarf daraufhin seinen Plan, die Beschäftigung mit Mathematik hatte seine Lebensgeister wieder geweckt. Zum Dank schrieb er postwendend sein Testament um. 100000 Mark – nach heutiger Kaufkraft rund 2,5 Millionen DM – von seinem Vermögen sollte derjenige erhalten, der das Rätsel löste, das ihm das Leben rettete.

Seitdem machten sich unzählige Mathematiker – Profis wie Amateure – munter ans Werk. Eine Lawine von Lösungsvorschlägen rauschte durch die Tore der Göttinger Universität, die beauftragt war, den Preis zu vergeben. Die Institute anderer Universitäten erhielten ebenfalls immer wieder Post. Allein im ersten Jahr gingen in Göttingen 621 Lösungsversuche ein. Der Fachbereich ließ Karten drucken mit der Aufschrift:

Sehr geehrte/r ...,
ich danke Ihnen für Ihr Manuskript zum Beweis der Fermatschen Vermutung. Der erste Fehler findet sich auf: Seite ... Zeile ... Ihr Beweis ist daher wertlos.

Studenten mußten die eingehenden Schreiben sichten und die Kartenvordrucke vervollständigen. Heute füllt die Korrespondenz zu Fermat in Göttingen mehrere Regalmeter. Die meisten Einsendungen sind auf elementarem Niveau verfaßt und stützen sich fast ausschließlich auf Schulmathematik. Einem gültigen Beweis näher brachten sie nicht.

1983 konnte Gerd Faltings, der heute am Max-Planck-Institut für Mathematik in Bonn forscht, wenigstens einen Teilerfolg erringen. Er bewies, daß es für jedes n höchstens endlich viele Lösungen der Fermatschen Gleichung gibt. Ob ihre Anzahl – wie vermutet – Null ist oder eine Milliarde, war damit freilich nicht gesagt.

Bis 1993 gelang es, Fermats Satz mit Computerhilfe für alle Potenzen kleiner als vier Millionen zu verifizieren. Doch die Zunft empfand das Kapitel damit keineswegs als abgeschlossen. Denn für sie zählte nur der allgemeine Beweis für beliebige Exponenten. Schließlich hätte die Fermatsche Vermutung ja für noch höhere Potenzen falsch sein können. Bei anderen Problemen war es schon vorgekommen, daß Aussagen zwar für die ersten paar Millionen Zahlen galten, nicht aber für alle weiteren. Leonhard Euler behauptete zum Beispiel einmal, es gebe keine ganzzahlige, von Null verschiedene Lösung für die Gleichung

$$w^4+x^4+y^4 = z^4.$$

Zwei Jahrhunderte lang konnte diese Vermutung, die der Fermats stark ähnelt, weder bewiesen noch widerlegt werden. 1988 schließlich fand Naom Elkies von der Universität Harvard eine Lösung:

$$2\,682\,440^4 + 15\,365\,639^4 + 18\,796\,760^4 = 21\,615\,673^4.$$

Als Andrew Wiles in Cambridge seinen epochalen Vortrag hielt, träumte er schon dreißig Jahre davon, Fermats Satz zu beweisen. Im zarten Alter von zehn Jahren bereits hatte er sich darin verbissen: »Ich war ganz versessen auf die kniffligen Schulbuchaufgaben, ich nahm sie mit nach Hause und erfand mir neue. Aber das beste Problem von allen entdeckte ich in unserer Bücherei.« Kurzerhand beschloß der Steppke, es zu lösen. Seine Lehrer und später an der Universität seine Dozenten rieten ihm davon ab, Zeit auf das Unmögliche zu verschwenden. Und nach vielen vergeblichen Ansätzen verschob Wiles sein Vorhaben bis auf weiteres. Erstmal machte er Karriere und ging als Mathematikprofessor an die renommierte Universität im amerikanischen Princeton (New Jersey).

Mitte der achtziger Jahre verknüpften mehrere Mathematiker, unter ihnen Gerhard Frey von der Universität Essen,

Fermat mit einer anderen unbewiesenen Vermutung, die die Fachwelt umtrieb: Sie bewiesen, daß sich Fermats Behauptung aus der sogenannten »Taniyama-Shimura-Vermutung« folgern läßt. Auch damit war das Problem zwar nicht gelöst, aber es ergaben sich neue Ansätze, ihm zuleibe zu rücken.

Als Wiles davon hörte, stürzte er sich sofort auf die Herausforderung. »Ich war ganz aus dem Häuschen«, erinnert er sich. »In diesem Moment wurde mir klar, daß sich der Lauf meines Lebens ändern würde, denn um Fermats letzten Satz zu beweisen, mußte ich jetzt nur die Taniyama-Shimura-Vermutung bestätigen. Aus meinem Kindheitstraum war etwas geworden, woran ein ernstzunehmender Mensch arbeiten konnte. Ich durfte die Gelegenheit einfach nicht verpassen.« Seinen Kollegen gegenüber erwähnte er Fermat indes mit keiner Silbe. Er fürchtete, ein anderer könnte ihm zuvorkommen und ihm den Ruhm vor der Nase wegschnappen, wenn er seine noch unausgegorenen Ideen weitergäbe. Nur seiner Frau erzählte er von dem Vorhaben – auf der Hochzeitsreise.

Der britische Mathematiker verschanzte sich auf dem Dachboden seines Hauses. Seine Kollegen begannen schon zu mutmaßen, ihm falle wohl nichts mehr ein, und er habe sich deswegen aus der Forschung zurückgezogen. Nach sieben Jahren harter Geistesarbeit meinte der damals Vierzigjährige schließlich, die Resultate präsentieren zu können. Eine mathematische Tagung in seiner Heimatstadt Cambridge schien ihm der geeignete Rahmen dazu. Dort führte er seinen Beweis in drei Referaten vor. Daß er Fermat geknackt hatte, verriet er erst ganz zuletzt. Natürlich kursierten vorher Gerüchte.

Nach dem letzten Vortrag verteilte Wiles sein Manuskript an einige Experten. Sie sollten es auf Fehler überprüfen – ein in der Wissenschaft übliches Verfahren. Er selbst eroberte unterdessen die Schlagzeilen der Weltpresse. Die ›New York Times‹ etwa feierte seinen Erfolg sogar auf der Titelseite. Und in einem U-Bahnhof der Stadt sprühte jemand an die Wand:

»$x^n + y^n = z^n$: keine Lösungen – ich habe einen wahrhaft wunderbaren Beweis dafür entdeckt, aber ich kann ihn nicht aufschreiben, weil mein Zug kommt.«

Einige Wochen später passierte indes das Unglück: Nicholas Katz von der Universität Princeton fand einen verheerenden Fehler in Wiles' Argumentation. Damit war der Beweis in sich zusammengefallen. Der Kindheitstraum hatte sich in einen Alptraum verwandelt. Scheinbar schon am Ziel angelangt, mußte Wiles von neuem beginnen. Würde er den Beweis, der aus Hunderten von Teilen mit unzähligen logischen Schlüssen zusammengeleimt war, reparieren können?

Wiles verkrümelte sich wieder auf den Dachboden. Diesmal zog der Einzelgänger einen Kollegen ins Vertrauen: Mit seinem ehemaligen Doktoranden, Richard Taylor, diskutierte er das Loch in der Argumentation und wie es zu stopfen sei. Am 19. September 1994 schließlich – rund ein Jahr, nachdem der Fehler aufgetaucht war – hatte Wiles die Erleuchtung: »Es war so unbeschreiblich schön – so einfach und so elegant. Am ersten Abend ging ich nach Hause und überschlief es. Am nächsten Morgen prüfte ich nochmals alles durch, und dann ging ich hinunter zu meiner Frau: ›Ich hab's. Ich glaube, ich habe es gefunden.‹ Das kam so unerwartet, daß sie dachte, ich spräche über ein Kinderspielzeug oder so etwas, und sie sagte: ›Hast was?‹ Ich sagte: ›Ich habe meinen Beweis repariert. Ich habe es geschafft.‹«

In den nächsten Wochen schrieb Wiles seine Überlegungen ins reine. In der unter Mathematikern üblichen äußerst knappen Form füllt der gesamte Beweis immerhin 130 Druckseiten. Laien verstehen von dem Formelwust freilich kein Epsilon. Selbst Mathematikprofessoren, die sich nicht zufällig gerade in den passenden Spezialgebieten auskennen, können die Argumentation nicht nachvollziehen. Um sie zu durchdringen, muß der Leser des Manuskripts die Forschungsarbeiten kennen, auf die sich Wiles stützt. Und selbst gestandenen Profis kostet es dann noch Monate, alle Schritte in der Argumentation zu begreifen.

Inzwischen ist Wiles' Abhandlung veröffentlicht, und bis heute fand niemand einen Fehler. 1997 nahm der Brite den Wolfskehl-Preis in Göttingen entgegen. Wegen der zwischenzeitlichen Inflation war dessen Höhe allerdings auf 70 000 Mark geschrumpft. Doch Geld ist für einen wie Wiles sowieso nebensächlich: »Ich war von diesem Problem besessen, daß ich acht Jahre lang an nichts anderes dachte – vom Aufstehen bis zum Schlafengehen. Diese ganz besondere Odyssee ist nun vorbei, und meine Seele zur Ruhe gekommen.«

Von Null bis Unendlich

Wann beginnt die Geschichte der Mathematik? Bei den alten Griechen? Den Ägyptern? Den Chinesen? Nein, viel früher. Möglicherweise bei den Ishango, die vor rund 11000 Jahren am Lake Edward in Zaire gelebt haben. Kannibalische Stämme wie die Ishango sind unsere intellektuellen Ahnen, die erste Schritte zum rationalen Denken taten.

Von den Ishango haben Archäologen einen Werkzeuggriff aus Knochen ausgegraben, der zahlreiche Kerben trägt. Diese Vertiefungen sind in Gruppen angeordnet, die jeweils durch größere Zwischenräume voneinander getrennt sind. An einer Stelle finden sich erst 11 dann 21, 19 und 9 Kerben, an einer anderen 3, 6, 4, 8, 10, 5, 5 und 7, an einer dritten 11, 13, 17 und 19. Sollten diese Folgen nichts weiter als eine zufällige Auswahl von Zahlen sein?

Der Knochen ist einer der frühesten Belege für ein Zahlensystem. Es handelt sich dabei naturgemäß um den einfachsten Ansatz: Eine Kerbe steht für eine 1, zwei Kerben für eine 2 und so weiter. So primitiv das System auf uns heute wirkt, ist es mitnichten selbstverständlich. Viele Stämme kennen auch heute noch, genauso wie kleine Kinder, nur die ersten paar Zahlen. Alles darüber wird als »viele« zusammengefaßt.

Bei den Bakairi in Zentralbrasilien zum Beispiel heißt eins »tokále«, zwei »ahäge«. Um weiterzuzählen, wird kombiniert: »ahäge tokále« bedeutet etwa drei. Das geht so weiter bis sechs. Darüber behelfen sich die Bakairi mit Fingern und Zehen. Bei Zahlen über zwanzig raufen sie sich die Haare und rufen »méra, méra«, als ob sie sagen wollten: »Mehr als ich Haare auf dem Kopf habe.« Doch sehen wir uns die Kerben auf dem Knochen genauer an. In der einen Spalte finden sich 11,

21, 19 und 9 Vertiefungen, also 10 plus 1, 20 plus 1, 20 minus 1 und 10 minus 1. Sollte damit die Zahl 10 betont werden? In der nächsten Spalte tauchen 3, 6, 4, 8, 10, 5, 5 und 7 auf. Die 3 und die 6 liegen dicht beieinander. Nach einer größeren Lücke kommt die 4, dicht gefolgt von der 8. Dann folgen wieder nach einem gewissen Abstand 10, 5 und 5, zum Schluß die 7. Konnten die Ishango bereits mit zwei multiplizieren? Das Kerbenmuster legt es nahe. Aber was bedeutet die 7?

Die dritte Spalte schließlich ist noch wunderlicher. Sie trägt 11, 13, 17 und 19 Kerben. Das sind alles sogenannte Primzahlen, Zahlen, die ohne Rest nur durch sich selbst und 1 geteilt werden können. Mehr noch: Es sind alle Primzahlen zwischen zehn und zwanzig. Ein Zufall? Wir wissen es nicht und werden es wohl auch nie erfahren. Fest steht nur, daß die Ishango nicht mehr viel Zeit hatten, ihr Zahlenverständnis zu vertiefen. Nicht lange, nachdem sie den Knochen geschnitzt hatten, brach am Lake Edward ein Vulkan aus. Seine Asche ging auf die Ishango nieder und löschte sie aus.

Zahl

Jede Geschichte hat einen Anfang, diese hat viele: Zahlen erfanden zweifellos nicht nur die Ishango. Sie wurden vielmehr mehrfach an verschiedenen Orten entdeckt. Die ersten mathematischen Überlieferungen, die eindeutiger sind als der Knochen der Ishango, stammen aus Ägypten, Mesopotamien, China und Indien und gehen bis zu 4000 Jahre zurück. Zu einem großen Teil behandeln sie – nach heutigen Maßstäben betrachtet – Denksportaufgaben.

Die alten Chinesen kannten bereits vieles, was erst Jahrhunderte später in Europa wiederentdeckt werden sollte. ›Neun Bücher‹ heißt ein Werk, das die Mathematik dieser

Kultur zusammenfaßt. Die Urheberschaft liegt im Dunkel der Geschichte, im Laufe der Zeit wurde es immer wieder kopiert und mit Kommentaren versehen. Die älteste bis heute erhaltene Ausgabe stammt aus dem dritten nachchristlichen Jahrhundert. Eine Aufgabe daraus lautet: »Wenn in einem rechtwinkligen Dreieck ein Schenkel a Einheiten lang ist und der andere b – wie groß ist dann die Seitenlänge des größten Quadrats, das in das Dreieck einbeschrieben werden kann?«

Das gleiche Problem stellte die Zeitschrift ›Mathematics Teacher‹ 1985 ihren Lesern, ohne zu ahnen, daß es bereits seit Jahrhunderten gelöst war. Die verblüffend einfache Lösung der Chinesen: Die Seitenlänge des größtmöglichen eingeschriebenen Quadrats ist das Produkt der Schenkellängen geteilt durch ihre Summe, in Zeichen $a \cdot b/a+b$. Auch den größten eingeschriebenen Kreis fanden die Chinesen. Sein Radius beträgt $a \cdot b/a+b+c$, wobei c die Länge der dritten Seite des Dreiecks ist.

Aus dem alten Ägypten ist das berühmteste überlieferte Schriftstück des Rhind-Papyrus, den der Schreiber Ahmes um 1650 vor Christus angefertigt hat. Knobelaufgabe 24 daraus lautet: »Ein Haufen und sein siebter Teil werden 19. Wie heißt der Haufen?« Gesucht ist hier offensichtlich die Zahl, die, wenn man ein Siebtel von ihr zu ihr dazuzählt, 19 ergibt. In moderner x-Schreibweise:

$$x + 1/7 \cdot x = 19$$

x steht dabei für die sogenannte Unbekannte: die gesuchte Zahl. Die Lösung steht bei Ahmes: 16 5/8. Denn

$$16\,5/8 + 1/7 \cdot 16\,5/8 = 931/56 + 133/56 = 19.$$

Etwa zur Zeit des Ahmes begann in Babylonien das goldene Zeitalter der Wissenschaft unter der Herrschaft von Hammurabi. Glücklicherweise schrieben die Babylonier auf Tontafeln und nicht auf Papyrus, der im Lauf der Jahre schnell zerfällt. Sie drückten ihre keilförmigen Zeichen (daher der Name Keilschrift) in die Tafeln, die sie anschließend brannten. Die babylonischen Gelehrten kannten zwei Zahlzeichen: Ein T-ähnliches Symbol stand für 1 und ein <-ähnliches für 10. Das T konnte je nach seiner Position auch 60 oder gar $60^2=3600$ bedeuten, das < 600 oder 36 000. Analog dazu kann in unserem Zahlensystem zum Beispiel eine 1 je nach Stellung für 1, 10 oder 100 stehen. Mit T<<<T bezeichneten die Babylonier zum Beispiel 91 (=60+3·10+1), T<<<TTTT<TT stand für 5652 (=3600+3·600+4·60+10+2·1).

Weil die Sonne auf ihrer Himmelsbahn nach ungefähr 360 Tagen wieder den Ausgangspunkt erreicht, teilten die Babylonier den Kreis in 360 Grad. Ein Grad zerlegten sie nach der Basis ihres Zahlensystems in 60 Minuten beziehungsweise 3600 Sekunden. Bis heute hat sich die 60 auch bei der Zeit gehalten: 60 Sekunden sind eine Minute, 60 Minuten eine Stunde.

Ägypter, Griechen und Römer unterschieden hingegen ihre Zahlzeichen nicht nach deren Stellung. Daher brauchten sie für größere Zahlen immer mehr Symbole. Zudem vereinfacht das Stellungsspiel die Multiplikation von großen Zahlen, da sie sich auf die Multiplikation der einzelnen Stellen zurückführen läßt.

Die alten Ägypter behalfen sich indes mit einem Trick: Wenn sie zwei Zahlen malnehmen wollten, halbierten sie die eine immer wieder (wobei ein möglicher Rest ignoriert wurde), während sie die andere verdoppelten. Zum Schluß addierten sie die Verdopplungsergebnisse, bei denen die zugehörige Halbierung eine ungerade Zahl war: Für 9·26 etwa sieht die Rechnung so aus:

Verdoppeln	Halbieren	
~~9~~	~~26~~	(gerade Halbierungszahl)
18	13	
~~36~~	~~6~~	(gerade Halbierungszahl)
72	3	
144	1	
234		

$234 = 18+72+144 = 9 \cdot (2+2^3+2^4) = 9 \cdot 26$. ($2^3$ und 2^4 sind dabei {Zweier-}Potenzen, abkürzende Schreibweise für $2 \cdot 2 \cdot 2$ und $2 \cdot 2 \cdot 2 \cdot 2$.) Das Verfahren mag uns seltsam anmuten, doch ohne vollständig ausgebildetes Zahlensystem ist es eine elegante Weise, Zahlen zu multiplizieren. In Asien ist sie heute noch in manchen Regionen gebräuchlich.

Zahlen in Zweierpotenzen zu zerlegen ist sogar hochaktuell. Für Computer besteht die ganze Welt nur aus den beiden Zeichen 0 und 1 – Strom aus und Strom an. Doch zwei Ziffern genügen, um alle Zahlen darstellen zu können.

Um eine Zahl mit den beiden Zeichen 0 und 1 auszudrükken, sie im sogenannten »Dualsystem« oder »binären System« darzustellen, zerlegt man sie in ihre Zweierpotenzen. 0 ist im Dualsystem natürlich 0, 1 bedeutet 1. 2 schreibt sich 10, denn $2 = 1 \cdot 2^1 + 0 \cdot 2^0$. ($2^0$ ist als 1 definiert). 3 liest sich als 11, da $3 = 1 \cdot 2^1 + 1 \cdot 2^0$. Für 4 brauchen wir bereits eine dreistellige Zahl: 100 ($1 \cdot 2^2 + 0 \cdot 2^1 + 0 \cdot 2^0$). 26 ist dann 11010 ($1 \cdot 2^4 + 1 \cdot 2^3 + 0 \cdot 2^2 + 1 \cdot 2^1 + 0 \cdot 2^0$), 99 schreibt sich 1100011.

Daß sich für menschliche Rechnungen ein System mit zehn Symbolen durchsetzte, hat nur einen Grund: die Anzahl unserer Finger. Das Prinzip funktioniert mit jeder positiven ganzen Zahl als Basis. Das Dezimalsystem wurde in Indien entwickelt und gelangte nach Arabien. Erst um das Jahr 1000 brachten es die spanischen Mauren nach Europa. Noch heute reden wir von den indisch-arabischen Zahlen.

Die Primzahlen – Grundbausteine der Mathematik

»Alles ist Zahl«, soll Pythagoras im sechsten vorchristlichen Jahrhundert einmal ausgerufen haben. Zahlen sind das Rohmaterial, aus dem ein großer Teil der Naturwissenschaften geschmiedet ist. Auch in der Mathematik dreht sich vieles um sie, wenn auch bei weitem nicht alles. Zahlen sind dabei freilich nicht gleich Zahlen, sie unterteilen sich in verschiedene Arten.

Schon mit den sogenannten natürlichen Zahlen 1, 2, 3, 4 ... läßt sich jede Menge anspruchsvoller Mathematik treiben. Ja, stellen sich sogar einige bis heute nicht gelöste Rätsel. Eines der grundlegendsten Konzepte sind die Primzahlen, Zahlen, die nur durch sich selbst und durch 1 teilbar sind: 2, 3, 5, 7, 11, 13, 17, 19, 23 ... Aus ihnen lassen sich alle ganzen Zahlen zusammensetzen, das garantiert der Hauptsatz der Zahlentheorie, nach dem sich jede natürliche Zahl außer der Eins auf genau eine Weise als Produkt von Primzahlen schreiben läßt. 50 etwa ist 5·5·2. Und das ist bis auf eine veränderte Reihenfolge der Faktoren die einzige Möglichkeit, 50 in sogenannte Primfaktoren zu zerlegen. Ob auf den Fidschi-Inseln, im antiken Griechenland oder im übernächsten Jahrtausend, immer und überall gibt es nur diese eine Zerlegung.

Primzahlen sind vergleichbar mit den Elementen in der Chemie oder den Elementarteilchen in der Physik. Ein Molekül Wasser besteht aus zwei Atomen Wasserstoff und einem Atom Sauerstoff. Ähnlich läßt sich die Zahl 50 in zweimal den Faktor 5 und einmal den Faktor 2 zerlegen.

Während es nur 92 natürliche chemische Elemente gibt, ist die Reihe der Primzahlen unbegrenzt. Das wußte schon Euklid im dritten vorchristlichen Jahrhundert. Sein Beweis, daß es unendlich viele Primzahlen geben muß, gilt bis heute als ein Glanzstück mathematischer Überlegung. Der Grieche führte einen Widerspruchsbeweis durch: Er nahm an, es gebe nur endlich viele Primzahlen und zog daraus so lange logische Schlüsse, bis er auf einen offensichtlichen Widerspruch stieß. Damit mußte irgend etwas falsch sein. Da sich in die Schlußkette kein Lapsus eingeschlichen hatte, konnte es nur die Annahme sein. Demnach muß es unendlich viele Primzahlen geben. »Die reductio ad absurdum (Rückführung auf einen Widerspruch), die Euklid so liebte, ist eine der besten Waffen der Mathematik«, urteilte der englische Mathematiker Godfrey H. Hardy (1877 – 1947). »Sie ist ein raffinierteres Gambit als das des Schachspiels: Ein Schachspieler mag einen Bauern oder sogar eine Figur zum Opfer anbieten, doch ein Mathematiker setzt alles aufs Spiel.«

William Dunham, Mathematikprofessor im amerikanischen Pennsylvania, bezeichnet Euklids Beweis als Lackmustest für mathematische Sensibilität: »Diejenigen mit einem natürlichen Hang zur Mathematik rührt er zu Tränen, diejenigen ohne einen solchen Hang finden ihn zum Heulen.« Für den ungarischen Mathematiker Paul Erdös (1913 – 1996) war er ein Schlüsselerlebnis: »Als ich zehn war, erzählte mir mein Vater vom Euklidschen Beweis, und ich habe angebissen.« Mit 17 bewies der junge Erdös, daß es zwischen jeder beliebigen Zahl und ihrem Doppelten mindestens eine Primzahl geben müsse. Zwischen 3 und 6 etwa liegt 5, zwischen 10 und 20 liegt 11. Aber auch zwischen einer Billiarde und zwei Billiarden findet sich nach diesem Satz eine Primzahl. Erdös bewies das Theorem zwar nicht als erster, aber auf viel einfachere Weise als alle vor ihm. So genial sich Erdös schon in jungen Jahren zeigte, war er in weltlichen Dingen eher unbeleckt. Er selbst schildert ein Erlebnis, das er als 21jähriger hatte: »Es war Teezeit, und es wurde Brot gereicht. Ich war viel zu verwirrt, um zuzugeben, daß ich mir noch nie ein Brot geschmiert hatte. Ich versuchte es, und es war gar nicht so schwer.«

Nicht jeder Mathematiker freilich lebt so ungewöhnlich wie Erdös, der keinen festen Wohnsitz hatte. Er reiste ständig um

Euklids Primzahlen-Beweis

Angenommen, es gäbe nur endlich viele Primzahlen. Dann ließen sie sich auflisten, etwa als p_1, p_2, p_3 ... p_n, wobei n für die (endliche) Anzahl der Primzahlen steht. Nun betrachtet Euklid die Zahl $p_1 \cdot p_2 \cdot ... \cdot p_n + 1$. Diese Zahl kann keine Primzahl sein, da sie in unserer Liste $p_1,...,p_n$ nicht auftaucht, die ja alle Primzahlen umfassen soll. Also muß sie durch eine Primzahl teilbar sein. Das heißt, es gibt ein i zwischen 1 und n, so daß p_i Euklids konstruierte Zahl $p_1 + ... p_n + 1$ teilt. Natürlich teilt p_i zudem das Produkt $p_1 \cdot ... \cdot p_n$. Daraus folgt: p_i teilt auch die Differenz $p_1 \cdot ... \cdot p_n + 1 - p_1 \cdot ... \cdot p_n$. Diese Differenz ist aber 1. p_i müßte somit 1 teilen, und das ist unmöglich. Unsere Annahme muß demnach falsch gewesen sein. Also gibt es unendlich viele Primzahlen. Bietet dieser Beweis auch eine Methode beliebig viele Primzahlen zu berechnen, indem man die ersten paar aufmultipliziert und dann eins dazuzählt? Leider nein. $2 \cdot 3 + 1 = 7$, $2 \cdot 3 \cdot 5 + 1 = 31$, $2 \cdot 3 \cdot 5 \cdot 7 + 1 = 211$ und $2 \cdot 3 \cdot 5 \cdot 7 \cdot 11 + 1 = 2311$ sind zwar Primzahlen. Bei $2 \cdot 3 \cdot 5 \cdot 7 \cdot 11 \cdot 13 + 1 = 30031 = 59 \cdot 509$ geht es aber schon schief.

den Globus. Wo er auch hinkam, kannte er Kollegen, die ihn abholten, bei sich wohnen ließen und natürlich mit ihm forschten. So hat der vagabundierende Mathematiker mehr Arbeiten zusammen mit Koautoren veröffentlicht als jeder andere.

Primzahlen spielen noch heute in der Forschung eine gewichtige Rolle, und die Wissenschaftler jagen nach immer neuen Rekorden: Die größten bekannten Primzahlen haben mehrere hunderttausend Stellen. Das ist unvorstellbar groß. Die Anzahl der Elementarteilchen im Universum wird nur auf eine etwa achtzigstellige Zahl geschätzt. Berechnet werden die Primzahlenmonster mit allerlei mathematischen Tricks und ausgeklügelte Computerprogrammierung. Nahezu alle bekannten riesig großen Primzahlen sind spezielle Kandidaten, sogenannte Mersennezahlen, die nach dem französischen Priester und Mathematiker Marin Mersenne (1588 – 1648) benannt sind. Sie sind von der Form 2^n-1, also 2 n-mal mit sich malgenommen minus 1 (n steht dabei für irgendeine natürliche Zahl). Mersennezahlen sind mitnichten alle Primzahlen: $2^2-1=3$, $2^3-1=7$ sind zwar prim, $2^4-1=15=3\cdot5$ hingegen nicht. Das wußte natürlich auch Mersenne, doch behauptete der Priester, $2^{67}-1$ sei eine Primzahl. Mehr als zweihundert Jahre später bewies indes Edouard Lucas (1842 – 1891), daß $2^{67}-1$ zusammengesetzt ist. Allerdings argumentierte er dabei indirekt und nannte keinen der Faktoren explizit. Übrigens: Lucas hielt über siebzig Jahre den Rekord der größten bekannten Primzahl. Er hatte nachgewiesen, daß $2^{127}-1$ prim ist. Im Jahr 1903 hielt Frank Nelson Cole auf einem Kongreß einen Vortrag, das heißt eigentlich spielte er eine Pantomime: Ohne ein Wort zu verlieren, multiplizierte Cole 2 67-mal mit sich selbst und zog vom Ergebnis 1 ab. Dann schrieb er an die Tafel:

$$193\,707\,721 \cdot 761\,838\,257\,287$$

und begann sofort, hurtig zu rechnen. Als Resultat erhielt er dasselbe wie bei der ersten Rechnung:

$$147\,573\,952\,588\,676\,412\,927.$$

Die Zuschauer ergaben sich daraufhin in Standing ovations. Cole hatte die Mersennezahl $2^{67}-1$ geknackt und in zwei riesige Faktoren zerlegt. Später gestand der Held der Zahlenmonster, zwanzig Jahre an der Rechnung gearbeitet zu haben.

Einige verblüffend einfach klingende Fragen über Primzahlen sind bis heute offen, etwa die nach der Anzahl der Primzahlzwillinge. Primzahlzwillinge heißen Primzahlen, die den Abstand zwei voneinander haben, etwa 7 und 9 oder 101 und 103. Ob es davon unendlich viele gibt oder ob ihre Reihe irgendwann zu Ende ist, weiß bislang niemand. Primzahldrillinge finden sich hingegen nur ein einziges Mal: 3, 5 und 7. Bei allen anderen Dreierpacks aufeinanderfolgender ungerader Zahlen ist immer eine durch drei teilbar und somit keine Primzahl.

Der deutsche Mathematiker Christian Goldbach (1690 bis 1764) formulierte 1742 in einem Brief folgende Behauptung: Jede gerade Zahl größer als 2 läßt sich als Summe zweier Primzahlen darstellen. Zwar ist die Goldbachsche Vermutung inzwischen mit Hilfe von Computern für alle geraden Zahlen bis 100 000 000 verifiziert, ein allgemeiner Beweis ist jedoch nicht in Sicht.

Die derzeit berühmteste offene Frage der Mathematik, die sogenannte Riemannsche Vermutung, die nach dem deutschen Mathematiker Bernhard Riemann (1826 – 1866) benannt ist, rankt sich um die Verteilung der Primzahlen.

Wie viele Primzahlen gibt es, die kleiner sind als eine vorgegebene (sehr große) Zahl? Unter der ersten Million Zahlen finden sich 78 498 Primzahlen, unter den ersten Milliarde 50 847 634. Wie sieht eine Formel aus, die für jede Zahl die Anzahl der Primzahlen unter ihr angibt?

Von den natürlichen Zahlen zu den komplexen

Schon bei einfachen Rechnungen mit natürlichen Zahlen stößt man an Grenzen, wie ein Mathematikerwitz verdeutlicht: Der Matheprofessor verläßt den Hörsaal, in dem sich zwei Studenten befinden. Wenig später kommen drei Studenten aus dem Saal heraus. Ein paar Minuten später geht einer hinein. Darauf der Kommentar des Professors: »Gott sei Dank, jetzt ist der Raum wieder leer.«

Eine Addition rückgängig zu machen heißt abzuziehen (zu subtrahieren). Dabei tritt schnell ein Problem auf: Was passiert, wenn man etwa 3 von 2 abziehen möchte? Dann reichen die natürlichen Zahlen nicht aus, negative Zahlen müssen her. Zusammen mit den natürlichen bilden sie die ganzen Zahlen. Zwar stellte sich wohl kaum ein Händler ein negatives Kamel vor. Doch spätestens bei Schulden bekommt das Konzept negativer Zahlen praktische Bedeutung.

Zu den ganzen Zahlen gehört auch die Null, sie wurde allerdings erst im Mittelalter im asiatischen Raum »erfunden« und fand über die Araber ihren Weg nach Mitteleuropa.

Ganze Zahlen lassen sich miteinander malnehmen (multiplizieren). Wollen wir eine Multiplikation rückgängig machen, müssen wir teilen oder dividieren. 2 mal 4 ist 8, geteilt durch 4 erhält man wieder 2. Doch damit rasseln wir in die nächste Schwierigkeit: Was ist etwa 2 geteilt durch 3? Dafür brauchen wir wieder neue Zahlen, die Brüche oder rationalen Zahlen. Zu ihnen zählen auch die ganzen Zahlen, schließlich ist zum Beispiel 3 nichts anderes als »3 Eintel«.

So weit, so gut. Nun können wir munter mit den vier Grundrechenarten (plus, minus, mal und geteilt durch) drauflosrechnen. Dafür reichen die rationalen Zahlen. Aber die nächste Tücke lauert bereits um die Ecke, beim Lösen von Gleichungen.

Gleichungen verraten etwas über sogenannte Unbekannte, die meist als x, y oder z bezeichnet werden. In $x+4=3$ etwa steht x für die Zahl, die mit 4 addiert 3 ergibt, das heißt $x=-1$. Was ist nun x, wenn es durch die Gleichung $x^2=2$ bestimmt ist? Hier wird also die Zahl gesucht, bei der 2 herauskommt, wenn sie mit sich selbst multipliziert wird. Um diese Gleichung zu lösen, kommen wir mit den rationalen Zahlen nicht aus. Das wußte schon Euklid, der bereits bewies, daß ein x mit $x^2=2$ kein Bruch sein kann, mit anderen Worten: Die Quadratwurzel von 2, in Zeichen $\sqrt{2}$, ist keine rationale Zahl.

Euklids Beweis

Um zu beweisen, daß $\sqrt{2}$ keine rationale Zahl ist, nehmen wir wie bei der Unendlichkeit der Primzahlen an, das Gegenteil der Behauptung träfe zu, und leiten daraus einen Widerspruch her. Sei also die Wurzel aus 2 eine rationale Zahl. Dann können wir sie als Bruch darstellen:

$$\sqrt{2} = p/q$$

wobei p und q natürliche Zahlen sind. Falls sich der Bruch kürzen läßt, tun wir das so oft, bis Zähler und Nenner keinen gemeinsamen Teiler mehr haben, der Bruch also nicht weiter zu kürzen ist. Nun quadrieren wir beide Seiten:

$2 = p^2/q^2$ und bringen q^2 auf die andere Seite:

$$2q^2 = p^2.$$

Das Quadrat von p ist demnach eine gerade Zahl. Da das Produkt zweier ungerader Zahlen wieder ungerade ist, bedeutet das, auch p muß gerade sein. Wir können daher $p = 2{\cdot}m$ setzen, wobei m wieder eine natürliche Zahl, nämlich die Hälfte der geraden Zahl p, ist. Das in die obige Gleichung eingesetzt, ergibt

$2q^2 = (2{\cdot}m)^2 = 4{\cdot}m^2$. Wir kürzen durch 2:

$$q^2 = 2{\cdot}m^2.$$

Also ist das Quadrat von q und damit auch q eine gerade Zahl. Das kann aber nicht sein, weil wir p und q so gewählt haben, daß sich der Bruch p/q nicht mehr weiter kürzen läßt. Wären p und q indes beide gerade, könnte man ihn mit 2 kürzen. Wir sind auf einen Widerspruch gestoßen. Die Annahme, die Quadratwurzel aus 2 ließe sich als Bruch schreiben, muß falsch gewesen sein.

Die Erkenntnis, daß es irrationale Zahlen geben müsse, hatte angeblich bereits Hippasus, ein Schüler des Pythagoras, rund zweihundert Jahre vor Euklid. Der Legende nach kostete sie ihm das Leben. Für Pythagoras lag die Schönheit der Mathematik darin, daß die ganze Welt mit ganzen Zahlen und deren Verhältnissen zueinander, den Brüchen also, zu erklären sei. Als ihn sein Schüler Hippasus damit konfrontierte, daß die Wurzel aus 2 keine rationale Zahl sein könne, griff Pythagoras lieber zur Gewalt, als seine Weltsicht zu ändern: Er ließ Hippasus kurzerhand hinrichten. Pikanterweise kam Hippasus auf die irrationalen Zahlen, als er sich mit dem Erkennungszeichen der Pythagoreer, einem gleichseitigen Fünfeck, beschäftigte. Er untersuchte die Diagonalen der Figur und fand, daß deren Längen in keinem berechenbaren Verhältnis zu den Seiten standen.

Um in unserem Zahlensystem Gleichungen lösen zu können, fügen wir also die Wurzeln hinzu – nicht nur Quadratwurzeln wie $\sqrt{2}$, sondern alle Zahlen, die zwei-, drei-, viermal oder noch öfter mit sich selbst multipliziert eine rationale Zahl ergeben. $\sqrt[3]{3}$ bezeichnet etwa die dritte Wurzel aus 3, also die Zahl, die dreimal mit sich multipliziert 3 ergibt (1,4422...). $\sqrt[4]{9}$ ist die vierte Wurzel aus 9, eine andere Schreibweise für die Quadratwurzel aus 3 = 1,73205... Denn $\sqrt{3}\cdot\sqrt{3}\cdot\sqrt{3}\cdot\sqrt{3} = 9$.

Die Brüche bilden zusammen mit den Wurzeln die sogenannten reellen Zahlen. Diese sind ein reines Konstrukt von Mathematikerhirnen. In der Wirklichkeit werden wir nie unterscheiden können, ob ein Stock wirklich genau $\sqrt{2}$ Meter lang ist oder nur 1,4142135 Meter. 1,4142135 läßt sich auch als 14 142 135/10 000 000 schreiben und ist daher ein Bruch. Die nicht rationale (oder irrationale) Zahl $\sqrt{2}$ bekommt ihre besondere Qualität erst bei unendlicher Präzision – die existiert aber nur in Gedanken.

Finsteres Mittelalter

Obwohl die Griechen bereits so viel über Mathematik wußten, geriet in Europa das meiste jahrhundertelang in Vergessenheit. Schuld daran waren die Römer, sie beschränkten ihre Kenntnisse – so, wie es mancher Kritiker heute fordert – strikt auf Anwendwendbarkeit. Von der Mathematik, die bei den Hellenen höchstes Ansehen genoß, akzeptierten sie nur das, was sie unmittelbar umsetzen konnten. So bewunderten sie etwa die Wurfmaschinen und Hebelkräne des Archimedes. Alles andere sahen sie als überflüssigen Ballast. So ging über die Jahrhunderte viel Wissen verloren und erst in der Renaissance – über tausend Jahre später – erreichten die Mathematiker wieder das Niveau der alten Griechen.

»Soll ich am Staub der Geometrie hängenbleiben«, klagte etwa Seneca (um 4 vor bis 65 nach Christus), »habe ich mich schon so weit von der gesunden Maxime ›Gehe sparsam mit Deiner Zeit um‹ entfernt? Das soll ich wissen? Und was soll ich dafür weglassen?« Mathematiker wurden in Rom nicht ausgebildet. Waren die Römer mit ihrem Latein am Ende, griffen sie auf griechische Spezialisten zurück, die teilweise als Sklaven gehalten wurden. So tüftelte auch ein ausländischer Experte, Sosigenes aus Alexandria, Mitte des ersten vorchristlichen Jahrhunderts im Auftrag Cäsars den Julianischen Kalender aus. Griechische Originalliteratur ins Lateinische zu übersetzen, hielten die römischen Intellektuellen für unnötig. Sie tradierten nur die sogenannten Handbücher, die im griechischen Sprachraum weit verbreitet waren. Diese Werke, deren Autoren meist Laien, etwa Literaten, waren, faßten Erkenntnisse knapp zusammen und stellten sie vereinfacht dar. Arbeiten aus der späthellenistischen Periode, wie die ›Syntaxis mathematike‹ des Ptolemäus (zirka 100 – 160) über Astronomie, die noch nicht x-mal simplifiziert und vorverdaut waren, nahm Rom gar nicht wahr.

Auch Römer schrieben Handbücher. Die bestanden aber im wesentlichen aus unkritisch gesammelten Fakten und Exzerpten ohnehin schon verkürzter griechischer Texte. Mathematik kam in diesem Opus kaum vor. Auf Begründungen oder gar Beweise legten die Schreiberlinge wenig Wert. Sie beriefen sich lieber auf angesehene Gelehrte, ohne aber ihre unmittelbaren Quellen zu nennen. »Das geschriebene Wort galt als ausreichende Autorität«, urteilt der Historiker William Stahl. »Es ist kein Zufall, daß das Wort ›Autorität‹ dieselbe lateinische Wurzel hat wie ›Autor‹.« Die meisten römischen Verfasser, wie etwa Celsus (Anfang des ersten nachchristlichen Jahrhunderts) und Plinius der Ältere (23 – 79), deren Schriften das Mittelalter prägten, zeigten sich unfähig, die griechische Wissenschaft zu verstehen und zwischen absurder Anekdote und brillanter Theorie zu unterscheiden.

Erst gegen Ende des finsteren Zeitalters, im 13. Jahrhundert, besannen sich die Gelehrten im Abendland, die vorher nur die lateinischen Überlieferungen gekannt hatten, wieder auf die Mathematik der Griechen. Der bekannteste Lehrbuchschreiber dieser Zeit, Leonardo von Pisa (um 1200), genannt Fibonacci, lebte acht Jahre in Nordafrika. In der arabischen Welt war die griechische Originalliteratur nicht vergessen, Wissenschaftler im Nahen Osten hatten die Mathematik weiterentwickelt und beispielsweise die Algebra begründet, deren Name vom Titel eines arabischen Lehrbuches herrührt. Fibonacci brachte die Ideen aus dem Orient in die italienischen Zentren der Bildung. Heute ist Fibonacci vor allem wegen seiner Kaninchenzählerei unvergessen. Er fragte sich, wie viele Paare von Kaninchen in einer Generation geworfen werden, wenn angenommen wird, daß jedes Paar ein Kaninchenpaar der nächsten und eines der übernächsten hervorbringt und dann stirbt. In der ersten Generation gebe es ein Kaninchenpaar. Dann wird in der zweiten eines geboren, in der dritten zwei (eines vom ersten Kaninchenpaar, eines von dessen

Nachwuchs), in der vierten sind es drei (eines von dem Paar aus der zweiten Generation und je eines von den beiden Paaren der dritten Generation). Dann nimmt die Kaninchenplage ihren Lauf: In der fünften Generation mit fünf Paaren, in der sechsten mit acht, in der siebten sind es schon 13, in der achten 21.

Die Zahlen 1, 1, 2, 3, 5, 8, 13, 21, 34, 55, 89 ... heißen heute Fibonacci-Zahlen. Man findet sie seltsamerweise bei Blumen: Schneeglöckchen haben 3 Blütenblätter, Butterblumen 5, Rittersporne 8, Ringelblumen 13, Astern 21 und viele Gänseblümchen 34, 55 oder 89. Warum das so ist, haben Wissenschaftler erst 1993 herausgefunden: Es liegt an der Entwicklung der Blüten.

Betrachtet man immer größere Fibonacci-Zahlen, nähern sich die Verhältnisse benachbarter Folgenglieder der »Goldenen Zahl« $t = (1+\sqrt{5})/2 = 1{,}618033988749$ ... an. Diese hängt eng mit dem »Goldenen Schnitt« zusammen, der seit dem Altertum als harmonisches Verhältnis von Strecken bekannt und in Kunst und Architektur weit verbreitet ist. Der Goldene Schnitt teilt eine Strecke so in zwei Abschnitte, daß sich das größere Stück zur Gesamtstrecke verhält wie das kleinere zum größeren. Hat die Gesamtstrecke die Länge 1, mißt der größere Abschnitt den Kehrwert der Goldenen Zahl: $1/t$.

Imaginäre Zahlen

Kannten die alten Griechen bereits alle heute gebräuchlichen Zahlen? Nein. Denn was ist zum Beispiel mit der Gleichung $x^2 = -1$? Minus mal minus gibt plus, plus mal plus sowieso, wie soll da eine Zahl mit sich selbst multipliziert –1 ergeben? Wollen wir auch solche Gleichungen lösen, brauchen wir nochmals neue Zahlen, die sogenannten komplexen Zahlen. Einer der ersten, der sie auf eine stabile logische Grundlage stellte, war der große deutsche Mathematiker Carl Friedrich Gauß (1777 – 1855). Den Kopf von Gauß hat jeder Deutsche bestimmt schon in der Hand gehalten: Er ziert den Zehn-Mark-Schein.

Die ersten Forscher, die an diesen seltsamen Zahlen tüftelten, mußten Beleidigungen über sich ergehen lassen. So etwas könne es doch gar nicht geben, hieß es. Wer sich darauf einlasse, müsse verrückt sein. Aber Spott ergoß sich wohl auf alle Zahlenpioniere. Als die negativen Zahlen eingeführt wurden, lästerten wahrscheinlich etliche Zeitgenossen genauso über –2 Kamele, wie sich bei den Brüchen andere über ein 2/3 Kamel mokierten. Beide Zahlenkonzepte sind heute indes allgemein anerkannt, auch wenn die deutsche Durchschnittsfamilie mit 1,68 Kindern immer noch zum Schmunzeln anregt.

Die komplexen Zahlen sind zunächst ein seltsam anmutendes Konstrukt, um Gleichungen lösbar zu machen. Inzwischen haben sie zahlreiche praktische Anwendungen und sind nicht nur aus der Mathematik, sondern auch aus Physik und Elektrotechnik gar nicht mehr wegzudenken.

Ihre Keimzelle ist die sogenannte imaginäre Einheit, das ist eine Zahl, die mit sich selbst multipliziert –1 ergibt. In Kurzform heißt sie i. Über ihre Natur sollte man nicht allzuviel grübeln, sondern die Definition hinnehmen.

Um konsistent zu bleiben, sollten die komplexen Zahlen die reellen umfassen und abgeschlossen bezüglich Addition und Multiplikation sein: Zählt man zwei komplexe Zahlen zusammen oder nimmt sie miteinander mal, sollte das Ergebnis wieder eine komplexe Zahl darstellen. Dementsprechend müssen zum Beispiel $2 \cdot i$ oder $4/3 \cdot i$ ebenfalls komplexe Zahlen sein, aber auch $2+i$ oder $4/3-i$.

Komplexe Zahlen bestehen aus einem Realteil und einem Imaginärteil. Sie lassen sich in der Form $a+i \cdot b$ darstellen, wobei a und b reelle Zahlen sind und i die imaginäre Einheit. a oder b können dabei auch 0 sein, die reellen Zahlen sind dann alle komplexen Zahlen, deren imaginärer Anteil 0 ist.

Addiert werden komplexe Zahlen komponentenweise:

$$(a+i\cdot b)+(a'+i\cdot b')=(a+a')+i\cdot(b+b'),$$

a, b, a', b' stehen dabei für beliebige reelle Zahlen. Für die Subtraktion, die nichts anderes als die Addition negativer Zahlen ist, gilt Entsprechendes. Multipliziert wird nach folgender Vorschrift:

$$(a+i\cdot b)\cdot(a'+i\cdot b')=(a\cdot a'-b\cdot b')+i\cdot(a\cdot b'+a'\cdot b).$$

Während die Definition der Addition unmittelbar einleuchtet, sieht die der Multiplikation auf den ersten Blick etwas sonderbar aus. Doch ergibt sie sich, wenn die linke Seite nach den üblichen Regeln des Rechnens mit Klammern bestimmt und für $i\cdot i$ definitionsgemäß -1 gesetzt wird.

Die Gleichung $x^2=-2$ hat mit diesem erweiterten Zahlenbegriff eine Lösung, $x=i\cdot\sqrt{2}$. Und nicht nur sie: In den komplexen Zahlen läßt sich jede Gleichung lösen, bei der die Unbekannte in Potenzen auftritt und sonst nur Addition und Subtraktion auftreten. Das besagt der Fundamentalsatz der Algebra, den bereits Gauß bewiesen hat. Eine Methode, sich die komplexen Zahlen anschaulicher zu machen, trägt den Namen des großen deutschen Mathematikers: die Gaußsche Zahlenebene.

Jeder Schüler lernt die Zahlengerade kennen – eine Gerade, auf der ein Nullpunkt festgelegt ist und auf der dann jeder andere Punkt mit dem Abstand zum Nullpunkt identifiziert wird. 3 entspricht so zum Beispiel dem Punkt, der 3 Längeneinheiten (etwa Millimeter, Zentimeter oder Kilometer) von der Null nach rechts liegt. –4 befindet sich 4 Einheiten links vom Nullpunkt. Liegen zwei solche Zahlengeraden senkrecht zueinander und schneiden sie sich in ihren Nullpunkten, spannen sie eine Ebene auf. Jeder Punkt der Ebene läßt sich durch ein Zahlenpaar beschreiben. (3,2) etwa ist der Punkt, zu dem man gelangt, wenn man vom Schnittpunkt der Geraden 3 Einheiten auf der ersten läuft und dann 2 Einheiten in Richtung der zweiten. In der Gaußschen Zahlenebene finden sich sämtliche komplexen Zahlen. Die Zahl a+i·b wird dabei mit dem Punkt (a,b) identifiziert.

Fügt man eine dritte Zahlengerade hinzu, welche die beiden anderen senkrecht im Nullpunkt schneidet, gelangt man zum dreidimensionalen Raum. Jeder Punkt läßt sich hier eindeutig einem Zahlentripel, etwa (3,–2,4), zuordnen. Im Prinzip läßt sich dasselbe Spielchen auch für höherdimensionale Räume treiben. Die entziehen sich zwar unserer Vorstellung, doch Mathematiker hält das keineswegs davon ab, sich mit ihnen zu befassen. Nicht einmal vor unendlich-dimensionalen Räumen schrecken sie zurück.

Aufeinander senkrecht stehende Zahlengeraden heißen kartesische Koordinatensysteme. Sie schaffen zwischen der Welt der Zahlen und dem Raum eine Verbindung, die es erlaubt, räumliche Gebilde zu berechnen und Rechnungen zeichnerisch zu erledigen.

Raum

Mit dem Raum beschäftigen sich Mathematiker vermutlich schon ebenso lange wie mit den Zahlen. Um die Geometrie (von geo, die Erde, und metria, das Maß) der alten Griechen kommt noch heute kein Schüler herum, bereits in der Antike hatte sie aber auch höchste praktische Bedeutung – bei der Vermessung der Felder.

Schon die Chinesen und Ägypter trieben Geometrie, und so manches, was heute als griechische Mathematik gilt, hatten sie längst entdeckt. Den berühmten Lehrsatz des Pythagoras haben wir schon angesprochen, nach dem in einem rechtwinkligen Dreieck das Quadrat über der Hypotenuse (der Seite gegenüber dem 90-Grad-Winkel) gleich der Summe der Quadrate über den Katheden (den Seiten, die am rechten Winkel anliegen) ist – in Kurzform: $a^2+b^2=c^2$.

Kaum ein mathematischer Satz wurde auf so viele Arten bewiesen wie der »Pythagoras«. Bereits Anfang des 20. Jahrhunderts erschien ein Buch mit 367 verschiedenen Ableitungen des berühmt-berüchtigten $a^2+b^2=c^2$. Die Liste ihrer Autoren zieren berühmte Namen wie Euklid, Leonardo da Vinci (1452 – 1519), Arthur Schopenhauer (1788 – 1860), der frühere US-Präsident James Abram Garfield (1831 – 1881) und Albert Einstein (1879 – 1955), der als Schüler den klassischen Beweis von Euklid für unnötig kompliziert hielt und deswegen kurzerhand einen anderen austüftelte. Der dänische Märchendichter Hans Christian Andersen (1805 – 1875) faßte den euklidischen Beweis sogar in Reime.

Ein Vorschlag von 1821 belegt die kulturelle Bedeutung des »ollen Pythagoras«. Damals konnte der Weltraum nur mit Fernrohren erkundet werden, viele glaubten, der Mond sei bewohnt. Um den Außerirdischen zu signalisieren, daß auf der Erde vernunftbegabte Wesen wandeln, sollten große Getreidefelder angelegt werden, die den Lehrsatz darstellten. Denn man ging davon aus, daß jedes intelligente Leben diese Konstellation kennen müsse. In jüngerer Zeit benutzte die Schokoladenwerbung das Theorem.

Manche Historiker bezweifeln, daß Pythagoras von Samos den nach ihm benannten Satz tatsächlich als erster hergeleitet hat. Über sein Leben und Werk existieren keine Zeugnisse aus erster Hand. Ihn umranken zahlreiche Mythen und Legenden. Er soll im sechsten vorchristlichen Jahrhundert gelebt und sich bei ausgiebigen Reisen nach Ägypten und Babylonien Anregungen geholt haben. Vielen gilt er als Begründer der Zahlentheorie und des ersten goldenen Zeitalters der Mathe-

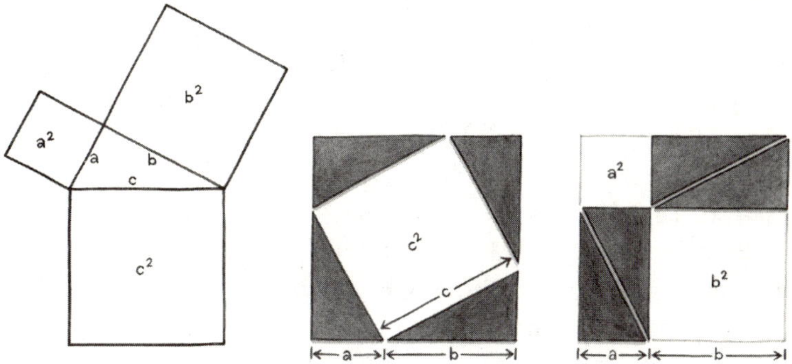

Links ein Dreieck der Seitenlängen a, b, c mit den Quadraten über den Seiten. Rechts ist ein Quadrat der Seitenlänge a+b auf zwei verschiedene Weisen zusammengesetzt. Bezeichnet F die Fläche des Dreiecks, gilt: $4F+c^2 = (a+b)^2 = 4F+a^2+b^2$. Die Substraktion von 4F auf beiden Seiten ergibt $c^2 = a^2+b^2$.

matik. Skeptiker glauben indes, die halbmythische Gestalt des Pythagoras habe überhaupt nie gelebt.

Vermutlich kannten die alten Chinesen das Theorem schon lange, bevor der griechische Gelehrte das Licht der Welt erblickte. Bewiesen hatten sie es mit einer Art Tangram: Ein Quadrat der Seitenlänge a + b läßt sich einmal aus einem Quadrat der Seitenlänge c und vier Dreiecken mit den Seiten a, b und c zusammensetzen, einmal aus einem Quadrat der Seitenlänge a, einem der Seitenlänge b und ebenfalls vier Kopien des Dreiecks. Wenn man nun die Fläche der vier Dreiecke, die ja in beiden Mosaiken gleich groß ist, abzieht, ergibt sich der Satz von Pythagoras. In einem alten indischen Buch ist der Beweis mit einer Zeichnung und einem einzigen Wort darunter dargestellt: »Siehe!«

Perfekte Rundungen

Fasziniert waren die alten Griechen von der perfekten Rundung des Kreises. Alle Punkte auf der Kreislinie haben exakt gleichen Abstand zum Mittelpunkt – ein herrliches Vorbild für eine Demokratie! Schon die Hellenen bemerkten, daß bei allen Kreisen, ob groß oder klein, das Verhältnis von Umfang zu Durchmesser gleich war. Heute heißt die Zahl, die dieses Verhältnis angibt, in passender Weise nach dem 16. Buchstaben im griechischen Alphabet, Pi, in Zeichen π. Die Hellenen selbst verwendeten π indes nicht in diesem Sinn.

Bezeichnen wir den Umfang eines Kreises mit U, seinen Durchmesser mit D, gilt: $U/D = \pi = 3{,}14159 \ldots$ D auf die andere Seite gebracht ergibt die bekannte Formel

$$U=\pi\cdot D.$$

Häufig findet man auch $U = 2\cdot\pi\cdot r$, wobei r den Radius, den Abstand vom Mittelpunkt des Kreises zu einem Punkt auf ihm, bezeichnet. Die beiden Formeln gehen ineinander über, da der Durchmesser das Doppelte des Radius mißt. Die Fläche F eines Kreises mit Radius r berechnet sich zu

$$F=r^2\cdot\pi.$$

Den numerischen Wert für π berechnete bereits Archimedes von Syrakus (287 – 212 vor Christus) mit großer Genauigkeit. Der Gelehrte, der angeblich immer einen kleinen Sandkasten mit sich herumschleppte, um jederzeit mathematische Figuren zeichnen zu können, schrieb dazu gleichmäßige Vielecke in einen Kreis hinein. In jedem Schritt bekamen die Vielecke mehr Ecken, die alle auf dem Kreis lagen. Ihr Umfang näherte sich immer mehr dem des Kreises an. Archimedes begann mit einem Quadrat, dessen Eckpunkte auf dem Kreis lagen.

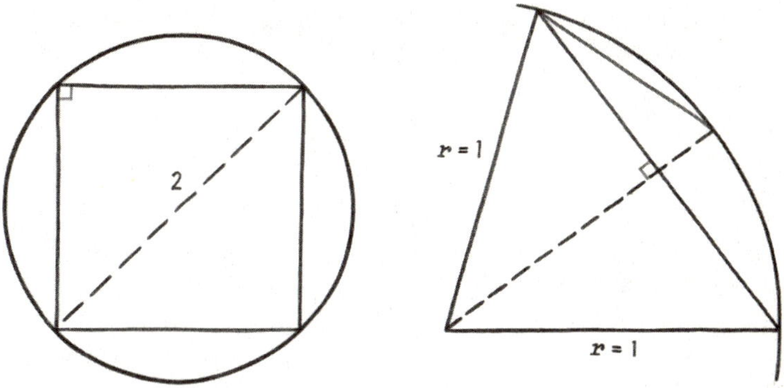

Links: Der Umfang des Quadrats als erste Schätzung des Kreisumfangs. Rechts: Aus einem einbeschriebenen n-Eck wird ein 2n-Eck konstruiert. Die Länge von dessen Seiten läßt sich mit zweimaliger Anwendung des *Pythagoras* berechnen

Da es auf die Größe nicht ankommt, können wir davon ausgehen, der Radius des Kreises sei 1. Dann ist die Diagonale des Quadrats, die ja mit einem Kreisdurchmesser übereinstimmt, gleich 2. Da die Diagonale mit zwei Seiten des Quadrats ein rechtwinkliges Dreieck bildet, lassen sich die Längen der Seiten (s) mit dem Satz von Pythagoras bestimmen: $s^2+s^2=2^2$, woraus $2s^2=4$ und damit $s=\sqrt{2}$ folgt. Die erste noch recht grobe Abschätzung für π ergibt sich durch die Division des Quadratumfangs durch den Kreisdurchmesser:

$$4\cdot\sqrt{s}\,/2=4\cdot\sqrt{2}\,/2=2{,}828427\ldots$$

Im nächsten Schritt setzte Archimedes in die Mitte des Kreisbogens zwischen je zwei benachbarte Ecken des Quadrates weitere Eckpunkte. Verbunden mit den Quadratecken ergab sich so ein Achteck, dessen Umfang sich wieder mit Hilfe des »Pythagoras« berechnen läßt. So lassen sich Gebilde mit immer mehr Ecken konstruieren, deren Konturen sich von innen immer näher an den Kreis anschmiegen. Auf die gleiche Weise kann auch die Fläche eines Kreises ermittelt werden. Archimedes hat immerhin den Umfang eines 96-Ecks berechnet und damit eine sehr gute Approximation von π ertüftelt. Mit Taschenrechner oder Computer bewaffnet können wir uns freilich viel näher an π heranpirschen. Um den Umfang des Universums bis auf den Radius eines Wasserstoffatoms genau berechnen zu können, genügt es, die ersten 36 Stellen von π hinter dem Komma zu kennen. Dennoch bestimmten Mathematiker π inzwischen auf Milliarden Stellen hinter dem Komma, allerdings mit anderen Rechenverfahren. So läßt sich die Kreiszahl etwa mit folgender Formel berechnen:

$$\pi=4\cdot(1-1/3+1/5-1/7+1/9-1/11+1/13-1/15+\dots)$$

Ganz exakt werden wir π aber nie kennen, denn sie ist eine irrationale Zahl. Sie läßt sich nicht als Bruch ausdrücken und hat unendlich viele Nachkommastellen, die sich nicht nach irgendeinem regulären Muster verhalten.

Die alten Griechen werkelten eifrig mit Zirkel und Lineal. Die beiden Werkzeuge symbolisierten für sie die Schlüssel zur geometrischen Existenz: die Gerade und den Kreis. Sie setzten alles daran, nur mit diesen Grundelementen zu arbeiten, was durchaus seine Tücken hat. So versuchten die Gelehrten etwa jahrhundertelang fieberhaft, einen beliebigen Winkel nur mit Zirkel und Lineal in drei gleiche Teile zu zerlegen. Erst im 19. Jahrhundert stellte sich die Vergeblichkeit des Vorhabens heraus: Pierre Laurent Wantzel (1814 – 1884) bewies, daß es unmöglich ist, einen 60-Grad-Winkel nur mit Zirkel und Lineal in drei gleiche Teile zu tranchieren.

Der Franzose führte das Problem auf eine algebraische Aufgabe zurück. Er folgerte, wenn die Dreiteilung machbar sei, müsse die Gleichung $x^3-3x-1=0$ eine rationale Lösung haben. Dann wies er nach, daß dies nicht sein kann. Damit war ein für allemal klar: Niemand würde jemals die Dreiteilung des Winkels mit Zirkel und Lineal schaffen. Dennoch behaupten bis auf den heutigen Tag immer wieder Unverbesserliche, sie hätte die Trisektion hinbekommen.

Von den Aufgaben, die sich die Griechen mit Zirkel und Lineal gesetzt hatten, erwiesen sich noch zwei andere als unmöglich: die Quadratur des Kreises – aus einem Kreis ein Quadrat gleicher Fläche zu konstruieren – und die Verdopplung des Würfels – aus einem Würfel einen zweiten zeichnerisch abzuleiten, der doppeltes Volumen besitzt. Ein anderes Problem schaffte indes Gauß im Alter von 18 Jahren: die Konstruktion des regelmäßigen 17-Eckes. Diese Aufgabe wurde damals für schwieriger gehalten als die Dreiteilung des Winkels.

Der Urknall moderner Mathematik

Euklids systematische Beschreibung der Geometrie in seinem 13-bändigen Werk ›Elemente‹ ist der Urknall moderner Mathematik. Die ›Elemente‹ – um das Jahr 300 vor Christus in Alexandria verfaßt – gelten mit ihren insgesamt 465 Propositionen oder Sätzen als das großartigste mathematische Lehrbuch aller Zeiten. Seit dem Altertum werden sie immer wieder neu herausgegeben. Die Bücher sind das am häufigsten gedruckte wissenschaftliche Werk überhaupt. »Wenn Euklid es nicht geschafft hat, Ihren jugendlichen Enthusiasmus zu wecken, dann sind sie nicht zum Wissenschaftler geboren«, urteilte etwa die Physiker-Legende Albert Einstein. Und Dr. Watson rühmt den Scharfsinn seines Chefs, des berühmten Sherlock Holmes, mit den Worten: »Seine Schlußfolgerungen waren so unfehlbar wie die vielen Propositionen des Euklid.«

In den ›Elementen‹ erfaßte Euklid die Geometrie in der Ebene nicht mit zahllosen Zeichnungen, sondern axiomatisch: Er postulierte ganz am Anfang Eigenschaften, die er als gültig (oder gottgegeben) voraussetzt. Eine lautet zum Beispiel: Von jedem beliebigen Punkt läßt sich eine Gerade zu jedem anderen beliebigen Punkt ziehen. Aus diesen Axiomen folgerte er alles weitere. Damit führte Euklid erstmals das Konzept heutigen mathematischen Denkens vor: Ausgehend von bestimmten Grundannahmen, die man einmal macht und dann nicht mehr weiter hinterfragt, gilt es, möglichst viele Aussagen zu beweisen und Querverbindungen aufzustöbern.

Jahrhundertelang war Euklids fünftes Postulat umstritten. Es lautet: Zu einer Geraden g und einem Punkt P, der nicht auf ihr liegt, gibt es genau eine Gerade durch P, die g nicht schneidet (die Parallele). Viele Mathematiker hofften, dieses Axiom aus den ersten vier ableiten zu können. Doch ihre Hoffnungen wurden enttäuscht: Ab dem 17. Jahrhundert formulierten verschiedene Wissenschaftler eine Geometrie, die auf Euklids ersten vier Axiomen und auf der Verneinung des fünften basiert. Genauer gesagt kamen sie sogar auf zwei nichteuklidische Geometrien: die hyperbolische und die elliptische. Die elliptische Geometrie kann man sich vorstellen als die Geometrie einer Kugeloberfläche: Statt Geraden betrachten wir Kreise mit maximalem Durchmesser auf der Kugel, statt Punkten Paare von zwei Punkten, die sich auf der Kugel diametral gegenüberliegen. Da sich zwei Großkreise immer schneiden, kann das Parallelen-Axiom nicht gelten. Dennoch ist die Geometrie in sich konsistent. Bei der hyperbolischen Geometrie gibt es hingegen viele Parallelen zu einer Geraden durch einen Punkt. Sie läßt sich ähnlich wie die elliptische anschaulich machen. Statt einer Kugeloberfläche betrachtet man dazu die Oberfläche einer Figur, die an einen Kreisel erinnert. Obwohl zunächst aus rein innermathematischen theoretischen Gründen entwickelt, findet sich die hyperbolische Geometrie auch in der Natur, wie sich Anfang des 20. Jahrhunderts herausstellte. Albert Einstein erkannte sie in seiner Allgemeinen Relativitätstheorie als die Geometrie seiner Raum-Zeit.

Die fraktale Geometrie

Inzwischen hat die euklidische Geometrie weitere Konkurrenz bekommen: etwa durch die fraktale Geometrie, einen Ausläufer der Chaos-Forschung. In der Wirklichkeit gibt es keine euklidischen Figuren. Wolken sind keine Kugeln, Berge keine Kegel und Rinde nicht glatt. Diese banale Erkenntnis brachte Benoit Mandelbrot darauf, eine Geometrie zu suchen, welche die Natur besser beschreibt. Das allgemeine Prinzip, das der französisch-polnische Mathematiker, der seit langem in den USA lebt, fand, ist die Selbstähnlichkeit. Sie tritt überall in der Natur auf: Läßt man den Größenunterschied außer acht, ähnelt der Ast dem ganzen Baum, der Zweig dem Ast, die Adern im Blatt dem Zweig. Berge haben Ähnlichkeit mit Felsen, Felsen mit Steinen, Steine mit Sandkörnern. Planeten kreisen um die Sonne wie Elektronen um den Atomkern. Die Figuren der fraktalen Geometrie zeichnen sich ebenfalls dadurch aus, daß sie sich selbst ähnlich sind.

Die Gebilde der euklidischen Geometrie wie Gerade, Kreis oder Kegel lassen sich durch geschlossene Formeln definieren. Fraktale hingegen nicht. Sie entstehen in einem Wachstumsprozeß und kommen schon deswegen der Natur näher als die glatten euklidischen Figuren.

Fraktale gelten zwar geradezu als Symbole für die mathematischen Errungenschaften des Computerzeitalters, doch konstruierten Wissenschaftler einige von ihnen bereits vor rund hundert Jahren. Freilich konnten sie damals die Schönheit der in sich verschlungenen Formen nicht auf Bildschirmen bewundern, und niemand behauptete, mit ihnen ließe sich die Natur beschreiben. Die Altmeister sahen sie vielmehr als »mathematische Monster« an. Sie beschäftigten sich mit Fraktalen – den Namen prägte allerdings erst 1975 Mandelbrot –, als sie grundlegende Begriffe wie Stetigkeit oder Krümmung systematisch erforschten.

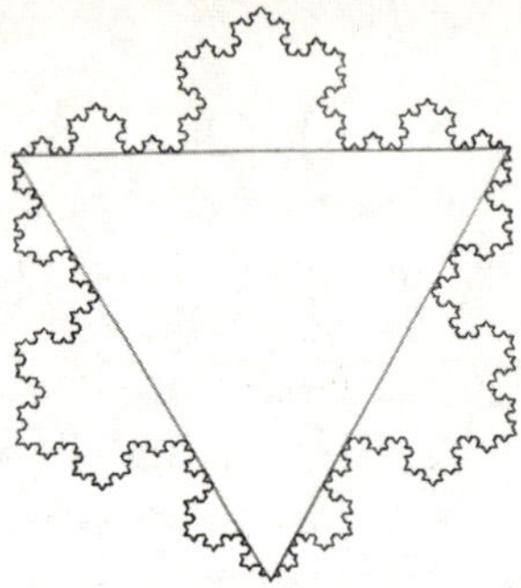

Die Schneeflockenkurve entsteht aus einer geraden Strecke, wenn man nach der gleichen Regel immer neue Zacken hinzufügt (von unten nach oben).

Um Fraktale zu konstruieren, geht man heute wie früher rekursiv vor: Eine Anfangsfigur, etwa eine gerade Strecke, wird nach einer Vorschrift verändert. Auf das Ergebnis wird dieselbe Regel angewandt, um das neue Resultat wiederum genauso zu manipulieren und so weiter. Bei der Schneeflokkenkurve zum Beispiel verwandelt sich im ersten Schritt das mittlere Drittel einer geraden Strecke in einen Zacken. Im nächsten Iterationsschritt werden jeweils die mittleren Drittel jeder geraden Strecke des so erhaltenen Gebildes durch Zacken ersetzt. Nach unendlicher Wiederholung dieses Verfahrens ergibt sich eine Kurve, die ihren Namen voll rechtfertigt. Früher war dieses sogenannte rekursive Vorgehen mühselig und brachte keine ästhetischen Resultate, die Stärke von Computern liegt hingegen gerade darin, immer wieder dieselbe Anweisung stumpfsinnig in atemberaubendem Tempo zu wiederholen. Durch sie wurde die Welt der Fraktale anschaulich. Doch selbst die elektronischen Rechenknechte vermögen nur endlich viele Befehle abzuarbeiten und produzieren daher bloß Näherungen. Die perfekte Schneeflockenkurve existiert nur in Gedanken. Bei Vergrößerung eines beliebig kleinen Ausschnitts von ihr entsteht wieder die Kurve selbst, sie heißt daher exakt selbstähnlich. Für die Hilfskonstruktionen mit endlich vielen Zacken, die sich auf Papier ausführen lassen, gilt das nicht. In ihnen findet sich immer ein – möglicherweise winzig kleiner – Ausschnitt, der aus einer geraden Strecke besteht und daher nicht zu einer Kopie der gesamten Kurve aufgeblasen werden kann.

Nach ähnlichen Schemata läßt sich die gesamte Galerie der klassischen Fraktale zusammenschneidern. Um die einzelnen Verfahren elegant beschreiben zu können, erweist sich die Vorstellung von Mehrfach-Verkleinerungs-Kopier-Maschinen als nützlich. Diese Geräte, kurz MVK-Maschinen genannt, geben für jede Figur mehrere verkleinerte Abbilder wieder, die in einer bestimmten Anordnung zueinander stehen. Die MVK-

Das Sierpinski-Dreieck als Ergebnis einer MVK-Maschine mit drei Linsen.

Maschine für die Schneeflockenkurve zum Beispiel stellt für jeden Input vier auf ein Drittel verkleinerte Kopien her: Die erste Kopie hat denselben Anfangspunkt wie das Urbild, die zweite setzt am Ende der ersten an und ist um 60 Grad gedreht, die dritte beginnt am Ende der zweiten und ist um 270 Grad gedreht, die vierte schließlich ist lediglich um zwei Drittel in Relation zum ursprünglichen Bild verschoben. Eine andere MVK-Maschine enthält drei Linsen, die jeweils um fünfzig Prozent verkleinern. Die drei Kopien sind in einem Dreieck angeordnet. Egal welche Form die Maschine in die Mangel nimmt, sie kommt nach unendlicher Iteration immer zum gleichen Ergebnis, einem löcherigen Dreieck, das nach dem polnischen Mathematiker Waclaw Sierpinski (1882 bis 1969) benannt ist. Auch das Sierpinski-Dreieck ist exakt selbstähnlich. Jedes noch so kleine Dreieck ist das exakte (verkleinerte) Ebenbild der gesamten Struktur.

Zum Sierpinski-Dreieck führt auch ein Würfelspiel, das sogenannte Chaos-Spiel: Auf einem Dreieck mit den Ecken A, B und C wähle man einen beliebigen Startpunkt x_0. Zeigt der Würfel 1 oder 4, rücke man auf der Strecke von x_0 nach A bis zur Mitte vor und markiere diese mit x_1. Bei 2 oder 5 Augen gehe man den halben Weg Richtung B, bei 3 oder 6 Richtung C. In der nächsten Runde dient dann x_1 als neuer Startpunkt, und es wird nach derselben Regel gewürfelt und gezogen. Welche Punkte im Dreieck lassen sich nach wieviel Zügen erreichen? Nach einem Zug kommen alle Punkte in Frage, die nach einmaliger Anwendung einer MVK-Maschine vom Typ Sierpinski auf das Dreieck übriggeblieben sind. Nach n Zügen landet man je nach Startpunkt und Würfelglück irgendwo in einem der vielen kleinen Dreiecke, die das Resultat des n-ten Durchlaufs durch die MVK-Maschine sind, aber nie in einem der bereits entstandenen Löcher. Statt immer wieder zu würfeln, läßt sich das Spiel natürlich auch auf einem Computer simulieren. Bei unendlich langer Spieldauer ergäbe sich das Sierpinski-Dreieck – ein überraschender Zusammenhang zwischen einem Würfelspiel und einem Fraktal, das nach festen Regeln ohne Einwirkung des Zufalls gebildet wird.

Verkleinern die Linsen einer MVK-Maschine nicht nur linear, sondern verzerren sie auch die Urbilder, kann das ideelle Gerät phantastische Bilder produzieren. Schon eine vergleichsweise simple MVK-Maschine mit nur vier Linsen liefert eine naturgetreue Nachbildung eines Farnes, mit den Figuren der euklidischen Geometrie sind solche Bilder nicht so leicht zusammenzubasteln. Aber Farne und Fraktale haben auch eines gemein: Am Anfang gibt es für beide nur einen Bauplan; bei den Pflanzen in Form der Erbsubstanz, die

Mit einer MVK-Maschine läßt sich Farn naturgetreu nachbilden.

Figuren sind durch die Wahl der MVK-Maschine vorbestimmt. Erst im Lauf der Zeit entwickeln sich daraus die Konturen.

In Gebirgen, Wolken und Küstenlinien tauchen zwar bei verschiedenen Maßstäben immer wieder ähnliche Formen auf, doch stimmen diese nicht genau miteinander überein wie die Verschlingungen der klassischen Fraktale. Um das nachzuahmen, koppeln Mathematiker, Informatiker und auch Künstler mehrere MVK-Maschinen im Computer miteinander und lassen den Zufall entscheiden, in welcher Iteration welches Linsensystem zum Zuge kommt. Auf diese Weise zaubern sie fraktale Landschaften und ganze Planeten. In dem Film ›Star Trek II‹ sind beispielsweise an mehreren Stellen fraktale Gebilde zu bewundern.

Wie lang ist die englische Küste?

Von ihrer Geburtsstunde an beschäftigte sich die moderne fraktale Geometrie nicht nur mit dem Erzeugen von kunstvoll mäandernden Kurven und Flächen, sondern auch mit deren Vermessung. ›Wie lang ist die Küste Großbritanniens?‹ lautet der Titel eines Artikels, den Benoit Mandelbrot bereits 1967 im renommierten US-amerikanischen Wissenschaftmagazin ›Science‹ veröffentlichte. Die Antwort des Begründers der fraktalen Mathematik: Das kommt auf den Maßstab an. Je genauer ein Vermesser die Küstenlinie inspiziert, desto mehr Buchten und Vorsprünge tauchen auf, deren Kanten er zur Länge addieren muß. In der Tat geben verschiedene Enzyklopädien Werte zwischen 7200 und 8000 Kilometern an. »Natürliche Formen und Muster zeichnen sich dadurch aus, daß sie praktisch keine charakteristische Länge haben«, kommentiert Mandelbrot.

Heinz-Otto Peitgen von der Universität Bremen und seine Mitarbeiter vermaßen die Küste Großbritanniens auf Karten mit einem Zirkel. Bei einer Zirkeleinstellung von umgerechnet 500 Kilometern kamen sie auf 2600 Kilometer Umfang, bei 17 Kilometern Abstand zwischen den Zirkelbeinen dagegen auf 8640 Kilometer. In unendlich feinem Maßstab würde die Länge gar gegen unendlich wachsen. Darin unterscheiden sich Küstenlinien prinzipiell von den Figuren der euklidischen Geometrie. Ein Kreis zum Beispiel hat immer einen Umfang von π multipliziert mit dem Durchmesser, auch bei noch so stark schrumpfendem Maßstab. Peitgen bestimmte den Umfang eines Kreises mit einem Durchmesser von 1000 Kilometern mit den gleichen Methoden wie Großbritanniens Küste. War der Zirkel auf 500 Kilometer eingestellt, summierte sich der Umfang auf 3000 Kilometer, faßte er 17 Kilometer, ergaben sich 3141 Kilometer.

Auch die klassischen fraktalen Kurven haben keine endliche Länge. Bei der Konstruktion der Schneeflockenkurve etwa ist das Zackengebilde in jedem Iterationsschritt ein Drittel länger als in der Vorstufe. Da das Verfahren unendlich oft ausgeführt wird, wächst die Länge unbeschränkt. Weder die Schneeflockenkurve noch die Küste Großbritanniens überdecken irgendein noch so kleines Areal vollständig. Die beiden Fraktale sind daher zu groß, um eine eindimensionale Länge zu haben, aber zu klein für eine zweidimensionale Fläche. Euklidischen Figuren läßt sich dagegen immer eine ganzzahlige Dimension zuweisen: Gerade Strecken und Kreislinien haben eine eindimensionale (endliche) Länge, Quadrate und Dreiecke eine zweidimensionale Fläche, Kugeln und Kegel einen dreidimensionalen Inhalt. Um die Größe von Fraktalen dennoch angeben zu können, haben Mathematiker schon vor rund achtzig Jahren gebrochene Zahlen, wie zum Beispiel 1,26 oder 1,81 als Dimensionen eingeführt. Daher rührt auch der Name Fraktal (von »fractus«: lateinisch für gebrochen). Im Fall von Kurven drücken die Dimensionszahlen aus, wie schnell ihre Länge bei kleiner werdendem Maßstab gegen unendlich wächst. Mittlerweile gibt es verschiedene Ansätze, ge-

Julia-Mengen

Zu jeder komplexen Zahl c gibt es eine Julia-Menge J_c. Beginnend mit einer komplexen Zahl z_0 wird zunächst nach einer einfachen Rechenregel z_1 bestimmt. Mit z_1 als Startwert wird nach demselben Verfahren z_2 bestimmt. z_2 wiederum widerfährt die gleiche Behandlung. So ergibt sich schließlich die unendliche Zahlenfolge z_0, z_1, z_2, z_3 ...

Die angewandte Rechenregel lautet dabei: Nehme die Zahl zum Quadrat und addiere c dazu, wobei c eine festgewählte komplexe Zahl ist. Im ersten Schritt ergibt sich also z_1 als z_0^2+c.

Komplexe Zahlen lassen sich bekanntlich als Punkte in einer Ebene, der *Gaußschen Zahlenebene*, interpretieren. Die Zahl $z = a + i \cdot b$ korrespondiert dabei mit dem Punkt, der durch die Koordinaten (a,b) festgelegt ist. Für die Folge z_0, z_1, z_2, ... gibt es nun zwei Möglichkeiten: Entweder sie entwickelt sich über alle Grenzen, das heißt, eingetragen in die Gaußsche Zahlenebene verläßt sie irgendwann jeden beliebig großen Kreis um den Nullpunkt. Oder sie bleibt begrenzt, dann gibt es ein endliches Gebiet, in dem die Zahlenfolge *gefangen* ist. Für einen festgewählten Wert c zerfällt die komplexe Zahlenebene in zwei Teile: die *Fluchtmenge*, die aus allen Startpunkten besteht, die zu unbegrenzt wachsenden Folgen führen, und die *Gefangenenmenge* aller Startpunkte,

brochene Dimensionen zu definieren, bei einigen Figuren stimmen sie im Ergebnis überein, bei anderen indes nicht. So hat die Küste Großbritanniens je nach Methode eine Dimension zwischen 1,3 und 1,4.

deren Folgen in einem endlichen Bereich bleiben. Die Grenze zwischen diesen beiden Mengen ist die Julia-Menge zum Wert c, in Zeichen J_c. Für c = 0 lautet die Zahlenfolge z_0, z_0^2, z_0^3, z_0^4 ... Ist z_0 eine reelle Zahl, die größer als 1 oder kleiner als –1 ist, wächst die Folge über alle Maßen. Denn in jeder Iteration entfernen sich ihre Glieder weiter vom Nullpunkt. Bei $z_0 = 2$ sieht sie zum Beispiel so aus: 2, 4, 16, 256, 65536 ... Für Werte zwischen –1 und 1 konvergiert die Sequenz gegen 0. Ist $z_0 = 1/2$ lautet sie etwa so: 1/2, 1/4, 1/16, 1/256, 1/65536 ... Die beiden Zahlen –1 und 1 liegen auf der Grenze zwischen immer größer werden und gegen Null tendieren, daher gehören sie zur Julia-Menge J_0. Ist z_0 komplex, bleibt die Folge genau dann beschränkt, wenn z_0 in der Gaußschen Zahlenebene nicht weiter als eine Einheit vom Nullpunkt entfernt ist, also innerhalb eines Kreises mit Radius 1 um den Nullpunkt liegt. J_0 ist ein Kreis mit Radius 1. Die meisten anderen Julia-Mengen haben indes erheblich bizarrere Formen.

Zu jeder komplexen Zahl c gibt es eine Julia-Menge J_c. Für manche c ist J_c zusammenhängend, für andere zerfällt die Menge in Punktwolken. Die Mandelbrot-Menge gibt nun an, welche Julia-Mengen keine isolierten Stellen haben. Sie besteht aus allen Punkten mit den Koordinaten (a,b), für die J_c zusammenhängend ist, wenn $c = a + i \cdot b$ ist.

Das Apfelmännchen

Schneeflockenkurve und Sierpinski-Dreieck eignen sich zwar hervorragend, um die Prinzipien der fraktalen Geometrie zu demonstrieren. Doch das Wahrzeichen der neuen mathematischen Disziplin ist ein anderes Gebilde, die Mandelbrot-Menge, die auch Apfelmännchen genannt wird (siehe Abbildung nächste Seite). Dabei ist sie selbst genaugenommen gar

Vergrößert man Ausschnitte vom Rand der Mandelbrot-Menge, kommen immer wieder bizarre Formen zum Vorschein.

kein Fraktal, sondern nur ihr Rand. Vor rund zwanzig Jahren erblickte sie Benoit Mandelbrot – allerdings in schlechter Auflösung – erstmals auf einem Computerbildschirm, wenig später startete sie ihren Siegeszug um die Welt. Heute ist diese bizarre, in sich selbst verschlungene Figur das populärste Objekt zeitgenössischer Mathematik. Auch sie basiert auf Arbeiten, die rund 80 Jahre alt sind. Verfaßt haben sie die beiden französischen Mathematiker Gaston Julia (1893 bis 1978) und Pierre Fatou (1878 – 1929).

Die Mandelbrot-Menge definiert sich über eine ganze Reihe klassischer Fraktale, der sogenannten »Julia-Mengen«. Auch Julia-Mengen sind wie die Schneeflockenkurve oder das Sierpinski-Dreieck das Resultat unendlich oft wiederholter Rückkopplungen, allerdings mit Rechnungen in komplexen Zahlen. Julia-Mengen weisen selbstähnliche Strukturen auf. Schon Fatou und Julia konnten beweisen, daß jedes noch so kleine Teilstück der Grenzlinie genügt, um daraus das ganze Gebilde zu rekonstruieren. Im Gegensatz zu anderen klassischen Fraktalen sind sie jedoch nicht exakt selbstähnlich. Sie sind nicht aus genauen Kopien einer Form aufgebaut, sondern aus verzerrten. Auch Julia-Mengen lassen sich mit MVK-Maschinen herstellen. Statt Verkleinerungen muß eine geeignete MVK-Maschine nur entsprechend verbogene Kopien des Originals ausspucken können.

Die Mandelbrot-Menge – das Aushängeschild der Chaos-Forschung – ist wegen ihrer immer wieder auftretenden selbstähnlichen Strukturen ein Bild höchster Ordnung. So tauchen etwa an ihrem Rand unendlich oft kleine Kopien ihrer selbst auf. Zudem stellt sie einen Wegweiser durch die Julia-Mengen dar. Die Strukturen der Mandelbrot-Menge gleichen an manchen Punkten annähernd denen der zugehörigen Julia-Menge, wenn wie mit einem Zoom-Objektiv die Bilder in ihren Details betrachtet werden. Dank der Forschung in den letzten Jahren haben Mathematiker die Gesetzmäßigkeit dieser Ähnlichkeiten mittlerweile an vielen Stellen verstanden. An anderen stehen selbst die Spezialisten immer noch vor Rätseln.

Bedeutung umstritten

Die fraktale Geometrie erhitzt die Gemüter der sonst so zurückhaltenden Mathematiker. Die einen stellen sie als die größte Errungenschaft der Wissenschaften seit Einstein dar, andere halten das für maßlos übertrieben.

Eigentlich sollte sich die Fachwelt ja freuen: Fraktale Geometrie ist so populär, wie es kaum ein Zweig der Mathematik jemals war. Jeder Gymnasiast kennt ihr Aushängeschild: die bizarre, sich bis ins Unendliche verästelnde Computergraphik namens Mandelbrot-Menge. Nicht zuletzt ist das Heinz-Otto Peitgen zu verdanken. Der Professor an der Universität Bremen gilt hierzulande als unbestrittener Fraktale-Papst, in vielen populärwissenschaftlichen Büchern rührt er die Werbetrommel. »Chaos und Fraktale bringen die Mathematik aus dem Reich der alten Geschichte ins 21. Jahrhundert«, behauptet er. »Es ist äußerst wahrscheinlich, daß die neuen Methoden und Bezeichnungsweisen ... beitragen können zur effektiven Bewältigung unserer gigantischen globalen Probleme.«

Anderen stoßen solche vollmundigen Äußerungen sauer auf, so meint etwa der Düsseldorfer Mathematikprofessor Klaus Steffen, durch Peitgens Bücher und seine Auftritte in den Medien sei in der Öffentlichkeit ein schiefes Bild entstanden. Mathematikforscher nähmen mitnichten hauptsächlich bunte Farbkleckse auf Computermonitoren unter die Lupe, vielmehr sei fraktale Geometrie ein – relativ kleines – Teilgebiet, das seinen Nutzen erst noch beweisen müsse. Zwar würden Wissenschaftler anderer Disziplinen, wie Physik oder Medizin, ständig fraktale Strukturen in der Wirklichkeit aufstöbern, doch sei das »geradezu zum Volkssport geworden« und würde daher nichts bedeuten. »New Age hat die exakten Wissenschaften erreicht«, spottet Steffen. Die vielgepriesene Mandelbrot-Menge stelle nur eine Insignie des neuen Kultes dar. Peitgen erklärt sich die Schimpftiraden so: »Chaos und Fraktale holen Teile der Mathematik aus einem selbstgewählten Ghetto heraus, und das ist eben nicht für alle Bewohner opportun.« Reinen Mathematikern gelingt es in der Tat meist nicht, Sinn und Zweck ihrer Forschung Laien auseinanderzusetzen, manche sind daher sicherlich neidisch auf Peitgen und Co. Dennoch bleibt abzuwarten, ob die fraktale Geometrie tatsächlich die Welt so verändert, wie ihre Protagonisten prophezeien.

Bewegung

Zwischen 1665 und 1667 wütete die Pest im englischen Cambridge, die Universität mußte geschlossen werden. Ein fleißiger, einzelgängerischer Student verbrachte die Zeit in seinem Elternhaus in Woolsthorpe, wo er sich eines Tages auf einer Wiese unter einem Apfelbaum niederließ. Als ihm beinahe ein vom Baum fallender Apfel auf den Kopf fiel, traf ihn zugleich der Geistesblitz, mit der Schwerkraft die Bewegung der Himmelskörper zu erklären. Richtig geraten, der Student war Isaac Newton (1643 – 1727), der Nestor der klassischen Physik. Dieses Fach hatte sich damals noch nicht von seiner Schwester, der Mathematik, getrennt, so wurden etwa Optik, Astronomie und Mechanik als Zweige der Mathematik gesehen. Um den fallenden Apfel zu verstehen, mußte Newton erst eine der noch heute wichtigsten mathematischen Theorien entwickeln: die Differentialrechnung. Bis dahin hatte die Mathematik die Natur hauptsächlich statisch erfaßt, jetzt ging es darum, Bewegung zu beschreiben.

Stellen wir uns der Einfachheit halber einen achtzig Meter hohen Apfelbaum vor. Ein Apfel fällt in der ersten Sekunde 5 Meter herunter, in der zweiten – durch die Erdanziehung schon etwas schneller geworden – verliert er 15 Meter Höhe, in der dritten 25, in der vierten 35. Dann hat er achtzig Meter zurückgelegt und knallt auf dem Boden auf. Seine Höhe beträgt in Sekundenschritten gemessen 80, 75, 60, 35, 0 Meter.

Solche Werte konnte im 17. Jahrhundert freilich niemand messen, der italienische Gelehrte Galileo Galilei (1564 bis 1642) etwa behalf sich damit, eine Kugel eine schiefe Ebene hoch- und hinunterzurollen. Vermutlich ging es den Wissenschaftlern und ihren Geldgebern damals weniger darum, den Fall eines Apfels exakt zu beschreiben, aber um den Flug einer Kanonenkugel zu berechnen, sind dieselben physikalischen Gesetze erforderlich.

Was sagt uns nun unsere Höhenrechnung für den Apfel? Ein Muster ist in den Zahlen kaum zu erkennen. Versuchen wir es mit der Geschwindigkeit, mit der sich der Apfel bewegt. Am Anfang ruht er, nach einer Sekunde ist er rund 10 Meter pro Sekunde (das sind 36 Kilometer pro Stunde) schnell, nach zwei Sekunden 20 Meter pro Sekunde, nach drei 30. Nach vier Sekunden landet er mit 40 Meter pro Sekunde im Gras. Die Geschwindigkeiten ergeben also ein einfaches Bild: 0, 10, 20, 30, 40. Pro Sekunde legt der Apfel um 10 Meter pro Sekunde zu. Ein Physiker würde sagen, er erfährt eine konstante Beschleunigung von 10 Metern pro Sekunde in der Sekunde oder 10 Metern pro Sekundenquadrat. (In Wirklichkeit hat die Erdbeschleunigung einen Wert von etwa 9,81 Metern pro Sekundenquadrat.) Statt immer nur in Sekundenschritten könnte man auch nach Höhe und Geschwindigkeit des Apfels zu jedem beliebigen Zeitpunkt fragen. Tragen wir die jeweilige Höhe des Apfels im Vergleich zur Zeit in ein Diagramm ein, ergibt sich eine gekrümmte Linie. Machen wir dasselbe für die Geschwindigkeit, kommen wir auf eine Gerade. Bei der Be-

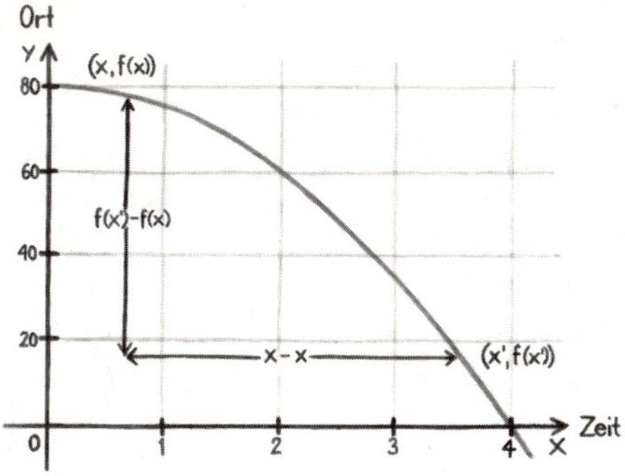

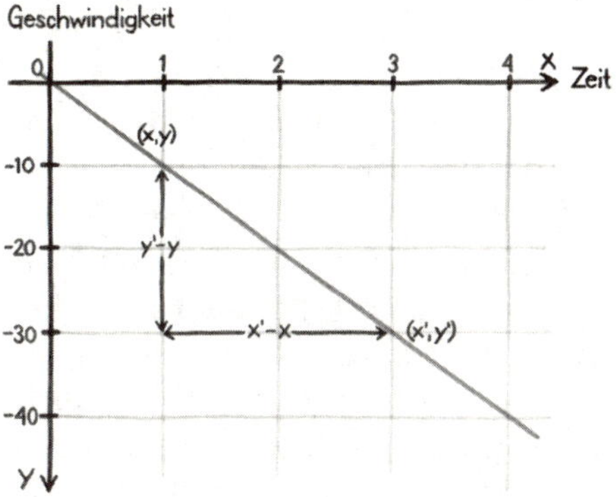

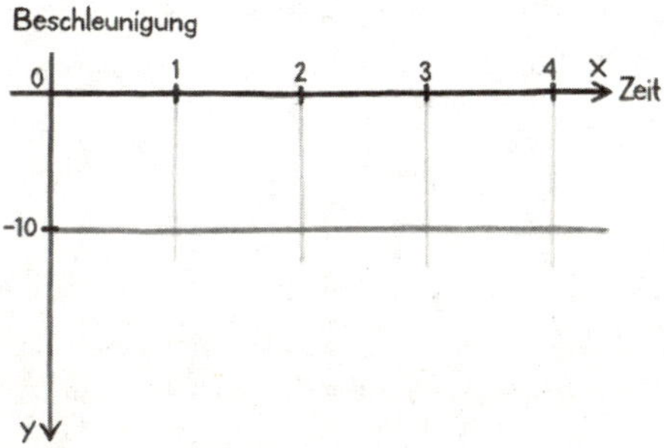

Der Fall eines Apfels ergibt eine gekrümmte Kurve, seine Geschwindigkeit eine Gerade und seine Beschleunigung eine Konstante.

Differentiation

Wie läßt sich nun die Änderungsrate oder Steigung einer Kurve an einer Stelle bestimmen? Bei einer Geraden ist das einfach: Man nehme zwei Punkte (x,y) und (x',y') und bilde den Quotienten aus den Differenzen der y- und x-Werte, das heißt y'–y/x'–x. Die Gerade der Geschwindigkeiten des Apfels wird beschrieben durch y = –10·x. Egal, welche Werte x und x' man einsetzt, die Steigung y'–y/x'–x berechnet sich zu –10. Nun seien die Punkte auf einer Kurve (vergleiche dazu die Abbildung der vorangehenden Seite) durch eine sogenannte Abbildung oder Funktion f beschrieben, die jedem Wert auf der waagrechten Achse die Zahl zuordnet, die den dazugehörigen Wert auf der senkrechten Achse angibt. Im Punkt (x,f(x)) wollen wir die Steigung bestimmen. Wir bilden den sogenannten Differentialquotienten f(x')–f(x)/x'–x, wobei x' zunächst einen beliebigen zulässigen Wert auf der waagrechten Achse darstellt. Leider ist dieser Quotient im Gegensatz zu Geraden bei gekrümmten Kurven nicht unabhängig von x'. Da wir die Steigung im Punkt (x,f(x)) berechnen wollen, gehen wir mit x' immer näher an x heran. Dann wird sich auch f(x') f(x) nähern, der Zähler geht daher ebenso wie der Nenner gegen Null. Bei glatten Kurven ohne Ecken strebt der Quotient f(x')–f(x)/x'–x aber gegen einen festen Wert. Dieser ist die Steigung der Tangente an die Kurve an der Stelle (x,f(x)).

schleunigung entsteht eine waagrechte Gerade: der Wert für die Beschleunigung bleibt konstant 10 Meter pro Sekundenquadrat. Drei Größen beschreiben den Fall des Apfels: die Höhe, die Änderung dieser Höhe, sprich die Geschwindigkeit, und die Änderungsrate der Geschwindigkeit, die Beschleunigung. Newton erkannte nicht nur, daß die Muster für Ge-

Was sich kompliziert anhört, ist oft gar nicht so schwierig. Unsere Kurve der Höhen des Apfels etwa beschreibt die Zuordnung $f(x) = 80-5 \cdot x^2$. Wählen wir zum Beispiel $x=1$ und $x'=3$, ergibt sich der Quotient zu

$$f(x')-f(x)/x'-x = [80-5 \cdot 3^2- (80-5)]/2 = -20.$$

Für $x=1$, $x'=2$ gilt

$$f(x')-f(x)/x'-x = [80-5 \cdot 2^2- (80-5)]/1 = -15.$$

Für $x'=1{,}5$ berechnet sich der Quotient zu $-12{,}5$, für $x=1{,}1$ zu $-10{,}5$, für $x=1{,}01$ zu $-10{,}05$, für $x=1{,}001$ zu $-10{,}005$. Je mehr wir uns der 1 nähern, desto näher liegt der Quotient bei -10. Das funktioniert genauso, wenn wir von der anderen Seite kommen: Für $x'=0{,}5$ berechnet sich der Quotient zu $-7{,}5$, für $x'= 0{,}99$ zu $-9{,}95$. Die Steigung, auch Ableitung genannt, in $x=1$ beträgt somit -10.

Mathematiker haben Methoden ersonnen, um nicht für jede Funktion an jeder Stelle unzählige Werte des Quotienten berechnen zu müssen. Die Ableitungen einfacher Abbildungen wie die in unserem Beispiel bestimmen sich nach simplen Rechenregeln. Die Steigungen unserer Funktion $f(x) = 80-5 \cdot x^2$ lassen sich auf einen Blick ablesen. Sie bilden eine Gerade, die durch die Zuordnung $g(x) = -10 \cdot x$ beschrieben wird.

schwindigkeit und Beschleunigung einfacher sind als die für die Höhe. Er erfand auch eine Methode, wie von dem einen zum anderen zu kommen sei: die Differentialrechnung. Sie ist ein Verfahren, um Änderungsraten zu berechnen. Die sogenannte Integration macht das Ergebnis einer Differentiation rückgängig, mit ihr gelangt man von der Änderungsrate zur ursprünglichen Kurve. Das Ganze läßt sich auch graphisch deuten. Änderungsraten sind nichts anderes als Steigungen. Fangen wir mit dem einfachen Beispiel der Kurve der Geschwindigkeit beim Fall eines Apfels an, die ja eine Gerade ist. Sie geht durch die Punkte (0,0) und (1, –10), da der Apfel zu Beginn ruht und nach einer Sekunde zehn Meter pro Sekunde schnell ist. Während wir um eine Einheit nach rechts gehen, rutschen wir zehn Einheiten nach unten. Dieses Verhältnis von eins zu zehn ist bei der Geraden an zwei beliebigen Punkten immer gleich. Da sie absinkt, ist ihre Steigung –10.

Bei gekrümmten Kurven wird das etwas komplizierter. Wir müssen einen in der Mathematik häufig verwandten Trick anwenden und das Schwierige auf Einfacheres zurückführen. In diesem Fall definieren wir die Steigung einer Kurve in einem Punkt über die Steigung von bestimmten Geraden, sogenannten Tangenten. Das sind Geraden, die eine Kurve in einem Punkt berühren, aber nicht schneiden. Die Steigung (oder Differentiation) einer Kurve, etwa der, die den Fall des Apfels beschreibt, an einer Stelle ist als die Steigung der Tangente in diesem Punkt definiert. Um diese zu bestimmen, hat es sich bewährt, mit unendlichen kleinen Größen zu rechnen. Heute macht das jeder Ingenieur oder Techniker, ohne mit der Wimper zu zucken. Doch lange Zeit bereitete das unendlich Kleine den Mathematikern Kopfzerbrechen.

Auch die Umkehrung des Differentiation, die Integration, hat eine graphische Deutung. Betrachten wir den Zuwachs der Fläche unter der Geschwindigkeitskurve des Apfels, je weiter wir nach rechts gehen, so kommen wir zur Höhenkurve. Die Erfindung der Differentialrechnung bildete den Startschuß in ein neues Zeitalter der Naturwissenschaft. Fortan ließen sich Veränderungen in der Natur mathematisch beschreiben, etwa wie sich Wärme, Wellen, Licht, Schall, Elektrizität und Magnetismus ausbreiten oder chemische Reaktionen ablaufen. Alles paßte unter den Hut der neuen Rechenmethode.

So genial deren Schöpfer Isaac Newton auch gewesen sein mag, er hatte auch seine Eigenarten. So beschäftigte er sich etwa eingehend mit der Alchimie, dem mittelalterlichen Streben, aus gewöhnlichen Materialien Gold zu machen. Desgleichen verfaßte er zahlreiche theologische Schriften, in denen er etwa angebliche Prophezeiungen in der Bibel aufdeckte oder zusammenhanglose Passagen miteinander in Verbindung brachte. Über die Differentialrechnung, die er Theorie der Fluxionen nannte, hüllte er sich aus heute nicht mehr verständlichen Gründen in Schweigen. Sein Mißtrauen gegenüber anderen war genauso groß wie seine Angst vor Kritik. Seine Geheimniskrämerei bekam dem Genie indes nicht gut: Er stritt sich häufig mit anderen Wissenschaftlern darüber, wer wann was entdeckt hatte. Einen der heftigsten Prioritätenstreits der Wissenschaftsgeschichte führte er mit Gottfried Leibniz darüber, wer zuerst die Differentialrechnung entwickelt hatte.

Newton schrieb seine Fluxionentheorie erstmals 1669 nieder. Das Manuskript lasen aber nur einige handverlesene britische Mathematiker. Leibniz veröffentlichte unabhängig davon 1684 seine erste Arbeit über die Differentialrechnung, ohne darin Newton zu erwähnen. Erst durch diese Publikation erfuhr die gelehrte Welt über die neue Mathematik. Überdies prägte Leibniz den Namen Differentialrechnung, und bis heute sind einige seiner Bezeichnungen erhalten geblieben. Wie sich die beiden Gelehrten um die Priorität gegenseitig bekriegten, war ihrer geistigen Kapazitäten indes keinesfalls würdig und sorgte dafür, daß bis ans Ende des letzten Jahrhunderts die Zusammenarbeit von britischen und deutschen Forschern von gegenseitigem Mißtrauen geprägt war.

Vom Apfel ins Chaos

Die Schwerkraft läßt bekanntlich nicht nur den Apfel vom Baum fallen, sie bestimmt auch den Lauf der Himmelskörper.

So gelang es Newton, mit seiner Fluxionentheorie die Bahnen zweier sich gegenseitig anziehender Körper auszurechnen: Sie umkreisen in Ellipsen ihren gemeinsamen Massenmittelpunkt – auch wenn das nicht immer offensichtlich ist. Der Mars zum Beispiel umläuft die Sonne auf einer riesigen Ellipse, die Sonne folgt hingegen einer so kleinen Bahn, daß dies kaum zu bemerken ist: Unser Zentralgestirn ist so viel massereicher als der Mars, daß der gemeinsame Massenmittelpunkt unter seiner Oberfläche liegt.

Als Newton bestimmen wollte, wie sich drei Körper – zum Beispiel Sonne, Mond und Erde – bewegen, die sich aufgrund der Schwerkraft gegenseitig anziehen, scheiterte er indes. Und seinen Nachfolgern sollte es nicht besser ergehen. Bis heute ist dieses sogenannte Drei-Körper-Problem trotz fieberhafter Bemühungen nicht vollständig gelöst, geschweige denn die Berechnung unseres gesamten Sonnensystems. Immerhin haben Mathematiker nicht nur Näherungslösungen gefunden, sondern auch gezeigt, daß es keine geschlossene Lösung in Form einer Formel für das Problem geben kann. 1994 bewies Zhihong Xia vom Georgia Institute of Technology gar noch Schlimmeres: Die Himmelskörper können langsam aus ihren Bahnen abdriften. Unser Sonnensystem ist daher nicht stabil. Das Drei-Körper-Problem ist eines der Paradebeispiele für die in den vergangenen Jahren aufgekommene Chaos-Forschung, derzufolge komplexe Systeme nicht vorhersehbar sind.

Unendlichkeit

Die Unendlichkeit taucht in der Mathematik an allen Ecken und Enden auf. Manchmal offen, wie zum Beispiel in Euklids Satz über die Anzahl der Primzahlen, manchmal versteckt: Die aus der Schulmathematik bekannte Aussage »Die Summe der Winkel in einem Dreieck beträgt 180 Grad« etwa handelt von der Unendlichkeit, denn sie bezieht sich nicht auf ein konkretes Dreieck, sondern auf jedes beliebige. Und da sich drei beliebig gewählte Punkte in einer Ebene, die nicht auf einer Geraden liegen, jeweils zu einem Dreieck verbinden lassen, gibt es unendlich viele verschiedene. Ebenso handelt etwa der Satz von Pythagoras implizit von Unendlichem. Denn es gibt unendlich viele rechtwinklige Dreiecke. Auch das Differenzieren funktioniert genaugenommen nicht im Endlichen. Denn man muß beim Differentialquotienten x' unendlich nahe an x heranführen. Die Mathematik ist die einzige Wissenschaft, mit der uns endlichen Wesen objektiv überprüfbare Aussagen über Unendliches möglich sind. Die Forscher haben Techniken entwickelt, mit der Unendlichkeit zu hantieren, ein wichtiges Konzept dazu sind die sogenannten Variablen. Sie stehen für ein beliebiges Exemplar einer Grundgesamtheit. Wir haben in diesem Buch schon öfter Variabeln verwendet, etwa beim Beweis des Euklid, daß es unendlich viele Primzahlen gibt. Wir nahmen an, daß es nur endlich viele gibt und haben diese aufgelistet: $p_1, p_2, p_3, ..., p_n$. Dabei ist n ebenso eine Variable – es steht für eine beliebige natürliche Zahl – wie $p_1, p_2, ...$ und p_n, die Primzahlen symbolisieren.

Mit Variablen lassen sich unendlich viele Einzelfälle auf einen Schlag erledigen. Ein einfaches Beispiel hierfür ist der Beweis der Aussage »jede ungerade Quadratzahl ergibt geteilt durch 8 den Rest 1«. Wir können diese Behauptung nun für die ersten paar Kandidaten überprüfen:

$$
\begin{aligned}
1 &= 0 \cdot 8 \text{ Rest } 1 \\
9 &= 1 \cdot 8 \text{ Rest } 1 \\
25 &= 3 \cdot 8 \text{ Rest } 1 \\
49 &= 6 \cdot 8 \text{ Rest } 1 \\
81 &= 10 \cdot 8 \text{ Rest } 1 \\
&\dots\dots\dots\dots
\end{aligned}
$$

Zu einem allgemeingültigen Beweis kommen wir auf diese Art aber nie. Es könnte immer sein, daß es bei der nächsten ungeraden Quadratzahl schon schiefgeht. Mit einer – geschickt gewählten – Variablen läßt sich das Problem elegant umschiffen.

Da das Produkt gerader Zahlen immer gerade ist, muß eine ungerade Quadratzahl das Quadrat einer ungeraden Zahl sein. Jede ungerade Zahl läßt sich wiederum schreiben als $2 \cdot n+1$, wobei n eine beliebige natürliche Zahl ist. Für das Quadrat gilt dann nach der Formel $(a+b)^2=a^2+2 \cdot a \cdot b+b^2$:

$$(2 \cdot n+1)^2 = 4 \cdot n^2 + 4 \cdot n + 1 = 4 \cdot n \cdot (n+1) + 1.$$

Da n und n+1 aufeinanderfolgende Zahlen sind, muß eine von beiden gerade sein, das heißt, das Produkt $n \cdot (n+1)$ ist ebenfalls gerade. Deswegen ist $n \cdot (n+1)/2$ eine ganze Zahl. Wir können daher die rechte Seite der Gleichung umschreiben:

$$(2n+1)^2 = 8 \cdot (n \cdot (n+1)/2) + 1.$$

Nachdem $n \cdot (n+1)/2$ eine ganze Zahl ist, ergibt sich zwingend, daß das Quadrat einer ungeraden Zahl $(2 \cdot n+1)^2$ ein ganzzahliges Vielfaches von 8 mit einem Rest 1 ist.

Paradox, paradox

Geht es ums Unendliche, sind wir Normalmenschen schnell mit unserer Vorstellungskraft am Ende. Ein Beispiel hierfür ist Hilberts Hotel, das nach dem Göttinger Mathematiker David Hilbert (1862 – 1943) benannt ist. Dieses mathematische Etablissement hat unendlich viele Zimmer und ist deswegen nie ausgebucht. Sollten einmal alle Räume belegt sein, und käme ein neuer Gast, müßten alle nur um ein Zimmer rutschen: Der Bewohner von Zimmer 1 räumt sein Domizil für den Neuen und zieht in Zimmer 2, dessen Insasse nach 3 ausweicht, dessen Gast künftig 4 belegt und so weiter. Jeder hat dann nach wie vor ein eigenes Zimmer, und trotzdem ist eines für den Ankömmling freigeworden.

Nicht einmal unendlich viele Neuankömmlinge brächten den Portier von Hilberts Hotel in Schwierigkeiten. Dann müßte nur jeder Gast in das Zimmer wechseln, dessen Nummer das Doppelte seiner bisherigen Zimmernummer beträgt. Der Bewohner von Zimmer 1 wanderte so nach 2, der aus 2 nach 4, der aus 3 nach 6, der aus 4 nach 8 und so weiter. Unendlich viele Zimmer würden so frei, nämlich alle mit ungerader Nummer.

Ein anderes Paradoxon kannten schon die alten Griechen: Zenon von Elea sinnierte im fünften vorchristlichen Jahrhundert über einen Wettlauf zwischen dem Helden Achilles und einer Schildkröte. Das Tier bekommt hundert Meter Vorsprung. Zenon überlegte nun, Achilles könne es niemals überholen, so schnell er auch spurtete: Wenn er den Startpunkt der Schildkröte erreiche, sei die immer schon ein Stück weiter. Und bis er dieses Stück laufe, habe das Krabbeltier bereits wieder etwas Boden gutgemacht. Diese Argumentation lasse sich beliebig oft wiederholen, also gewinne die Schildkröte das Rennen. Klingt überzeugend, oder?

Die Beweisführung ist zwar in sich schlüssig, doch hat die Geschichte einen Pferdefuß. Ist Achill zum Beispiel zehnmal so schnell wie sie, schafft das Reptil zehn Meter, während der Held zu ihrem Start läuft; einen weiteren Meter, bis Achill diese zehn Meter aufgeholt hat, nochmal zehn Zentimeter, bis der Zeusenkel diesen Meter wettgemacht hat ... Das läßt sich zwar bis ins Unendliche fortführen, doch die Gesamtlänge der betrachteten Wegstücke bleibt mit 111,111 ... Meter beschränkt.

Exakt nach dieser Strecke überholt der strahlende Held die Schildkröte und zieht davon. Addiert man die Wegstrecken

Unendliche Summe

Der junge Gottfried Wilhelm Leibniz wurde einmal von seinem Mentor, dem niederländischen Wissenschaftler Christiaan Huygens (1629 – 1695), mit der Berechnung einer Reihe auf die Probe gestellt. Leibniz sollte den Wert bestimmen von:

$$1+1/3+1/6+1/10+1/15+1/21+1/28+1/36+\ldots$$

Der Nenner des n-ten Summanden ist dabei die Summe der natürlichen Zahlen bis n (für n=4 beispielsweise ist der Nenner 4+3+2+1=10). Leibniz tüftelte eine Zeitlang herum, bis er auf folgende Gleichungen stieß:

$$1+1/3+1/6+1/10+1/15+1/21+1/28+1/36+\ldots =$$

$$2\cdot[1/2+1/6+1/12+1/20+1/30+1/42+1/56+1/72+\ldots] =$$

$$2\cdot[(1-1/2)+(1/2-1/3)+(1/3-1/4)+(1/4-1/5)+(1/5-1/6)+(1/6-1/7)+\ldots] = 2$$

Im ersten Schritt zog er eine 2 aus der Summe heraus. (Die Klammer bedeutet, daß jeder Summand einzeln mit 2 zu multiplizieren ist.) Die geniale Idee findet sich im nächsten Schritt. Jede der Differenzen in den zur Verdeutlichung gesetzten runden Klammern ergibt einen der Summanden aus der Zeile darüber. Andererseits taucht jeder Bruch einmal negativ und in der nächsten runden Klammer dann positiv auf. Nimmt man die Klammer weg, heben sich alle Brüche gegenseitig auf, und es bleibt die 1 am Anfang. Diese mit der 2 vor der eckigen Klammer malgenommen, ergibt das Resultat: 2.

des Achilles auf, gelangt man zu einer Summe mit unendlich vielen Summanden: $100+10+1+0{,}1+0{,}01+\dots$ Solche Summen heißen (unendliche) Reihen. Mathematiker haben viele Kriterien dafür ausgetüftelt, ob sie – wie in dem Beispiel mit Achilles – einen endlichen Wert annehmen oder unbeschränkt wachsen, je mehr Summanden aufaddiert werden.

Unendlich ist nicht gleich unendlich

Für Mathematiker gibt es nicht nur eine Unendlichkeit, sondern viele verschiedene (genauer gesagt unendlich viele), eine größer als die andere. Wie lassen sich Unendlichkeiten miteinander vergleichen? Im Prinzip genauso, wie Kinder zählen: Für vier Äpfel auf dem Tisch genügt eine Hand, für jeden Apfel ein Finger. Kommen wir beim Ringfinger, dem vierten, an, sind wir fertig. Erwachsene brauchen die Finger zum Zählen nicht mehr. Sie ordnen jedem Apfel in Gedanken eine Zahl zu: eins, zwei, drei, vier.

Ähnlich funktioniert es im Unendlichen. Die Mathematiker versuchen, eine eindeutige Zuordnung zu finden. Die geraden Zahlen etwa sind vom gleichen Unendlichkeitsgrad wie alle natürlichen Zahlen. Denn wir können jeder Zahl ihr Dop-

	1	2	3	4	5	6	...
1	1	2	3	4	5	6	...
2	1/2	2/2	3/2	4/2	5/2	6/2	...
3	1/3	2/3	3/3	4/3	5/3	6/3	...
4	1/4	2/4	3/4	4/4	5/4	6/4	...
5	1/5	2/5	3/5	4/5	5/5	6/5	...
6	1/6	2/6	3/6	4/6	5/6	6/6	...
...	...	...	...	...	...	...	...

peltes zugesellen und haben damit eine Regel gefunden, nach der jede natürliche Zahl mit genau einer geraden korrespondiert. Und das geht auch umgekehrt: Jede gerade Zahl gehört zu einer natürlichen, nämlich ihrer Hälfte.

Gibt es »mehr« Brüche als natürliche Zahlen? Nein, auch hier läßt sich eine Zuordnung finden. Denken wir uns die Auflistung nach rechts und nach unten unendlich verlängert, ist in ihr gewiß jede rationale Zahl enthalten. Manche Zahlen tauchen mehrfach auf (zum Beispiel lassen sich die Brüche auf der Diagonale alle zu 1 kürzen), aber das soll uns nicht stören.

Nun können wir – wie angedeutet – alle Zahlen der Tabelle durch eine Schlängelbewegung erreichen. Die erste Zahl, auf die wir so kommen, wird mit 1 gekennzeichnet, die zweite mit 2, die dritte mit 3 und so weiter. Damit haben wir eine Zuordnung gefunden, die jedem Bruch eine natürliche Zahl beistellt. Verschiedene Brüche bekommen dabei jeweils unterschiedliche natürliche Zahlen. Die Brüche – oder rationalen Zahlen – sind deswegen von derselben Unendlichkeit wie die natürlichen Zahlen.

Wie steht es aber mit den reellen Zahlen? Seltsamerweise sind die von einer größeren Unendlichkeit. Dazu führen wir einen Widerspruchsbeweis durch. Nehmen wir an, es gäbe eine Zuordnung zwischen reellen und natürlichen Zahlen. Dann könnte man alle reellen Zahlen auflisten, und damit erst recht die zwischen 0 und 1. Wir dürfen sie uns daher in Kommaschreibweise untereinander aufgelistet vorstellen:

$$
\begin{array}{l}
0,\, a_{11}\ a_{12}\ a_{13}\ a_{14} \ldots \\
0,\, a_{21}\ a_{22}\ a_{23}\ a_{24} \ldots \\
0,\, a_{31}\ a_{32}\ a_{33}\ a_{34} \ldots \\
\ldots\ldots\ldots\ldots\ldots\ldots
\end{array}
$$

a_{11} steht dabei für die erste Nachkommastelle der ersten Zahl, a_{12} für die zweite Nachkommastelle der ersten Zahl, a_{21} für die erste Nachkommastelle der zweiten Zahl, allgemein a_{mn} für die n-te Nachkommastelle der m-ten Zahl.

Können in einer solchen Liste alle reellen Zahlen auftauchen? Mit einem genialen Kniff konnte Georg Cantor (1845 bis 1918) beweisen, daß dies nicht sein kann. Er konstruierte sich aus der Diagonalen $a_{11}\ a_{22}\ a_{33}$... eine neue Zahl, die nicht in der Liste enthalten sein kann: $0,\underline{a}_{11}\ \underline{a}_{22}\ \underline{a}_{33}$... Mit $\underline{a}_{11}$ ist eine Ziffer zwischen 0 und 9 bezeichnet, die ungleich a_{11} ist, $\underline{a}_{22}$ ist eine Ziffer zwischen 0 und 9, die ungleich a_{22} ist und so weiter. Die so erhaltene Zahl $0,\underline{a}_{11}\ \underline{a}_{22}\ \underline{a}_{33}$... kann mit keiner Zahl der Liste übereinstimmen. Im Vergleich mit der n-ten Zahl ist die n-te Nachkommastelle nicht identisch. Da dies für alle natürlichen Zahlen n gilt, haben wir also eine noch nicht aufgelistete Zahl gefunden. Im Widerspruch zur Annahme, die somit falsch gewesen sein muß.

Wer über diesem spitzfindigen Beweis hier jetzt schier verzweifelt, braucht sich nicht zu grämen. Als Cantor ihn Ende des vergangenen Jahrhundert ersann, erntete er selbst von seinen Kollegen scharfe Kritik. Henri Poincaré (1854 – 1912), neben David Hilbert der bedeutendste Mathematiker jener Epoche, meinte, Cantors Ideen würden spätere Generationen »als eine Krankheit betrachten, von der man sich erholt«. Damit sollte er sich indes täuschen. Heute zweifelt niemand mehr an ihnen. Cantor selbst verfiel nicht zuletzt wegen solcher Äußerungen in Depressionen und landete schließlich in einer Klinik für Geisteskranke.

Ist die Unendlichkeit der reellen Zahlen die nächste Stufe nach der der natürlichen oder gibt es noch Unendlichkeiten dazwischen? Das zu entscheiden bemühten sich die Mathematiker jahrzehntelang vergebens. 1963 bewies Paul Cohen von der Universität Stanford, daß sich diese Frage nicht entscheiden läßt.

Wahrscheinlichkeit

Mathematische Begriffe sind so klar und eindeutig festgelegt wie sonst nichts auf der Welt. Dennoch können sie durchaus von Vagem handeln: Die Wahrscheinlichkeitstheorie beschreibt Zufälliges. Ihre Anfänge gehen auf das Frankreich des 17. Jahrhunderts zurück, als passionierte Glücksspieler ihre Gewinnchancen kalkulieren wollten. Die Pioniere grübelten über Fragen wie: »Was ist wahrscheinlicher: mit zwei Würfeln bei einem Wurf mindestens eine ›6‹ zu werfen oder bei zwölf Würfen mindestens eine ›Doppel-6‹?«

Inzwischen profitieren fast alle Wissenschaften von der Wahrscheinlichkeitsrechnung: Physik, Meteorologie, Ingenieurwesen, Biologie, Medizin, Wirtschaftswissenschaften, Psychologie, Soziologie. Bis heute lernen Anfänger die Grundzüge an den Beispielen Würfeln, Münzwurf und dem Ziehen verschiedenfarbiger Kugeln aus einer Urne. Die Wahrscheinlichkeit ist dabei definiert als der Quotient aus erhofften Fällen und allen Möglichkeiten. Beim einfachen Münzwurf etwa als 1/2: Der erwünschte Fall steht dabei etwa für »Kopf«, alle Möglichkeiten sind »Kopf« und »Zahl«. Beim Würfeln stehen sechs Alternativen zur Auswahl. Die Wahrscheinlichkeit, eine »6« zu würfeln, beträgt daher 1/6. Eine Wahrscheinlichkeit ist in der Mathematik immer eine Zahl zwischen 0 und 1. Die Wahrscheinlichkeit 0 haben unmögliche Ereignisse, etwa beim Würfeln eine »7« zu erzielen, sicher Eintretendes, etwa eine »1«, »2«, »3«, »4«, »5« oder »6« zu würfeln, hat den Wert 1. Einfach zu berechnen sind sogenannte Komplementärereignisse. Die Wahrscheinlichkeit, in einem Wurf mit einem Würfel keine »6« zu erzielen, berechnet sich als $1 - 1/6 = 5/6$.

Wie hoch ist die Wahrscheinlichkeit, mit zwei Würfeln mindestens eine »6« zu erzielen? 1/3? Nein. Zählen wir aus. Mit zwei Würfeln gibt es 36 mögliche Ergebnisse:

1, 1	1, 2	1, 3	1, 4	1, 5	1, 6
2, 1	2, 2	2, 3	2, 4	2, 5	2, 6
3, 1	3, 2	3, 3	3, 4	3, 5	3, 6
4, 1	4, 2	4, 3	4, 4	4, 5	4, 6
5, 1	5, 2	5, 3	5, 4	5, 5	5, 6
6, 1	6, 2	6, 3	6, 4	6, 5	6, 6

Bei genau 11 von ihnen (die in der letzten Zeile und der letzten Spalte) kommt eine »6« vor. Also beträgt die Wahrscheinlichkeit 11/36. Wer auf 1/3 – pro Würfel 1/6 und dann addieren – getippt hat, hat den Fall unten rechts zweimal gezählt. Liegt bereits ein Würfel mit der »6« nach oben da, erhöht es die Gewinnwahrscheinlichkeit nicht mehr, wenn auch der andere »6« zeigt. Man kann sich die Siegeschance auch über Komplimentärereignisse herleiten: Für jeden Würfel ist die Wahrscheinlichkeit, keine »6« zu zeigen, gleich 5/6. Daß keiner von beiden die »6« bringt, hat die Wahrscheinlichkeit 5/6 · 5/6. Die des Komplementärereignisses (mindestens eine »6«) berechnet sich zu

$$1 - 5/6 \cdot 5/6 = 1 - 25/36 = 11/36 = 0{,}30555\ldots$$

Nach dem gleichen Schema läßt sich die Wahrscheinlichkeit für einen Sechserpasch bei zwölf Würfen kalkulieren. Die Wahrscheinlichkeit, daß kein Sechserpasch auftritt, ist für einen Wurf 35/36, für zwei Würfe 35/36 · 35/36 und für zwölf Würfe $(35/36)^{12}$. Die Chance, in zwölf Würfen einen Sechserpasch zu erzielen, ist daher

$$1 - (35/36)^{12} = 0{,}286841\ldots$$

Jedes Werfen eines Würfels ist unabhängig vom nächsten Mal: Wenn beim ersten Wurf die »6« fällt, hat das keinerlei Einfluß auf das Ergebnis des zweiten Wurfes. (Dabei ist es egal, ob gleichzeitig mit verschiedenen Würfeln oder nacheinander mit demselben geworfen wird.) Auch im zweiten Versuch hat jede Augenzahl die gleiche Wahrscheinlichkeit von 1/6 – zumindest wenn es sich um einen fairen Würfel handelt, der nicht etwa auf einer Seite schwerer ist als auf den anderen. Diese Unabhängigkeit klingt einleuchtend. Dennoch gibt es immer wieder Leute, die sie nicht wahrhaben wollen und prompt ihr ganzes Vermögen verspielen. Wenn hundert Würfe »6« ergaben, ist die Wahrscheinlichkeit beim 101. dennoch für jede Augenzahl 1/6. Analog ändern sich die Chancen für die Zahlen beim Roulette auch nach der längsten Serie nicht (es sei denn, jemand hat am Roulettetisch gefummelt). »Die Kugel hat weder Gedächtnis noch Gewissen«, schrieb Fjodor Dostojewski (1821 – 1881) in seinem berühmten Roman ›Der Spieler‹.

Etliche passionierte Spieler wollen das hingegen nicht einsehen. Und finden sich damit in bester Gesellschaft. Einer der großen französischen Mathematiker des 18. Jahrhunderts, Jean le Rond d'Alembert (1717 – 1783), war felsenfest davon überzeugt, daß nach einer langen Serie von »Kopf« die Wahrscheinlichkeit für »Wappen« steigt. Zudem meinte er, dreimal mit derselben Münze zu werfen, unterscheide sich wesentlich davon, einen Wurf mit drei Münzen auszuführen. Heute schenkt kein Mathematiker solchen Behauptungen mehr Glauben.

Freilich gibt es auch abhängige Zufallsereignisse, und die sorgen häufig für Schwierigkeiten. Mathematiker versuchen sie mit sogenannten bedingten Wahrscheinlichkeiten zu bändigen, das sind Wahrscheinlichkeiten dafür, daß ein bestimmtes Ereignis eintritt, wenn vorher ein anderes Ereignis eingetreten ist. Liegen in einer Urne etwa drei rote und drei schwarze Kugeln, und wir ziehen eine davon, ist die Chance, eine rote zu erwischen 1/2. Haben wir eine rote gegriffen und holen die nächste heraus, beträgt die Wahrscheinlichkeit, wieder eine rote in der Hand zu halten, nur noch 2/5. Denn nun befinden sich zwei rote und drei schwarze Kugeln in der Urne. Die Wahrscheinlichkeit, zweimal eine rote Kugel zu ziehen, berechnet sich damit zu 1/2 (Wahrscheinlichkeit, beim ersten Mal rot zu ziehen) mal 2/5 (Wahrscheinlichkeit, beim zweiten Mal rot zu ziehen, wenn das schon beim ersten Mal passiert ist) gleich 1/5. Legen wir die zuerst gezogene Kugel hingegen zurück, erreichen wir damit Unabhängigkeit. In der Mathematik sind die Begriffe Unabhängigkeit und bedingte Wahrscheinlichkeit natürlich klar definiert, uns genügen aber diese etwas vagen Überlegungen.

Unendliches Würfeln

Den Ausgang eines Zufallsexperimentes, sei es nun Würfeln, Münzen werfen oder Kinder kriegen (ist es ein Junge oder ein Mädchen?), kann auch die Mathematik nicht bestimmen, wohl aber, wohin es tendiert, werden die Versuche nur oft genug wiederholt. Alle wichtigen Theoreme aus der Wahrscheinlichkeitstheorie handeln davon, was bei unendlicher Wiederholung passiert.

Würfelt man nur hinreichend oft, wird der Quotient aus Würfen mit Ergebnis »6« zu allen Würfen schließlich beliebig nahe bei 1/6 liegen. Diesen einleuchtenden Sachverhalt mathematisch korrekt zu fassen und zu beweisen, war das Verdienst von Jakob Bernoulli (1654 – 1705), nach dem ›Dictionary of Scientific Biography‹ kein angenehmer Mensch: »Er war eigensinnig, halsstarrig, rachsüchtig, von Minderwertigkeitsgefühlen geplagt und dennoch von seinen Fähigkeiten fest überzeugt.«

Bernoullis Satz, als »Gesetz der großen Zahlen« bekannt, wird auch heute noch laufend angewandt, etwa von Lebensversicherungen, die ausgehend von einer großen Anzahl von Versuchen (Leben und Sterben ihrer Kunden) ihre Prämien kalkulieren. Leider glauben viele Spieler aus diesem Gesetz ableiten zu können, daß sich nach langen Serien ein Ausgleich einstellt. Dem ist aber nicht so. Das Gesetz der großen Zahlen verspricht zwar, die Wahrscheinlichkeiten würden früher oder später von der Wirklichkeit angenähert, aber nicht, wann das der Fall ist. Es gibt kein Spielsystem, bei dem man gegen eine unverfälschte Münze von vorneherein im Vorteil wäre. Das gleiche gilt für Roulette und Würfel.

Die anderen wichtigen Sätze der Wahrscheinlichkeitstheorie beziehen sich ebenfalls auf unendliche Wiederholung desselben Versuchs. Der zentrale Grenzwertsatz etwa besagt, daß dann in vielen Fällen alles auf jene Kurve hinausläuft, die neben dem Konterfei von Carl Friedrich Gauß auf dem Zehn-Mark-Schein abgebildet ist, die sogenannte Gaußsche Glokkenkurve.

Trotz der frühen Anfänge goß erst 1933 Andrej Nikolajewitsch Kolmogorow (1903 – 1987) die Wahrscheinlichkeitstheorie in ihre heutige Form. Der russische Mathematiker baute sie auf ein Fundament komplizierter mengentheoretischer Konstruktionen. Lange Zeit war sein Ansatz in der Fachwelt umstritten, bis er sich schließlich durchsetzte.

Kapriolen der Wahrscheinlichkeitsrechnung

Mit der Kalkulation von Chancen scheint unser Hirn seine Probleme zu haben. Auch geniale Mathematiker vertaten sich da schon. Gottfried Leibniz etwa hielt es für gleich wahrscheinlich, mit zwei Würfeln eine Augensumme von elf oder zwölf zu erzielen. Dabei ergibt nur der Sechserpasch in der Summe zwölf, während elf auf zwei verschiedene Weisen zustandekommt (siehe Tabelle auf Seite 71): Entweder zeigt der erste Würfel »5« und der zweite »6« oder andersherum der erste »6« und der zweite »5«. Daher summieren sich, wie jeder routinierte Zocker bestätigen kann, die Augen der beiden Würfel im Durchschnitt doppelt so oft auf elf wie auf zwölf.

In der Wahrscheinlichkeitstheorie wimmelt es nur so von Paradoxa, diese widersprechen indes nicht den Gesetzen der Logik, sondern nur dem gesunden Menschenverstand – und das ist wohl unausweichlich. Unsere Stärke beim Denken liegt darin, Muster zu erkennen und Strategien auch in Situationen zu entwickeln, die nicht vollständig überschaubar sind. Für den Jäger und Sammler war das sicherlich angemessen. Der Zeitgenosse hingegen landet damit manchmal auf der Nase – jedenfalls, wenn es um die Berechnung von Wahrscheinlichkeiten geht. Oder was schätzen Sie, wie viele Personen nötig sind, damit die Wahrscheinlichkeit größer als 1/2 ist, daß zwei von ihnen am gleichen Tag Geburtstag haben?

Die Antwort ist 23. Nehmen wir an, die Geburtstage seien gleichmäßig über das Jahr verteilt, und jeder hätte an einem anderen Tag. Dann kann der erste an einem beliebigen Tag geboren sein. Für den zweiten bleiben alle Tage außer dem Geburtstag von Nummer eins. Für den Jubeltag des dritten sind nur noch $365-2 = 363$ Tage möglich und so weiter. Als Wahrscheinlichkeit, daß von 23 Personen keine zwei am selben Tag feiern, ergibt sich:

$$365/365 \cdot 364/365 \cdot 363/365 \cdot\ldots\cdot 343/365 = 0{,}49\ldots$$

Die Wahrscheinlichkeit, daß mindestens zwei am selben Tag Geburtstag haben, ist somit $1-0{,}49 > 0{,}5$.

Wie im richtigen Leben dreht es sich in der Wahrscheinlichkeitstheorie häufig um schnöden Mammon: »Ziege oder Auto«, lautete die Devise in der US-amerikanischen Fernsehshow ›Let's make a deal‹. Der Gewinner des Abends konnte am Ende der Sendung zwischen drei Türen wählen. Hinter einer der Türen befand sich als Hauptgewinn der Wagen, hinter den beiden anderen als Niete je eines der meckernden Tiere. Nachdem der Kandidat seine Wahl getroffen hatte, öffnete der Moderator zunächst eine der beiden anderen Türen: Dabei kam – dies war das Prinzip des Spiels – immer eine Ziege zum Vorschein. Der Kandidat besaß nun die Möglichkeit, seine Wahl zu ändern. Kann er die Gewinnchance durch einen Wechsel erhöhen?

Nachdem die US-amerikanische Zeitschrift ›Parade‹ 1990 diese Frage aufgegriffen hatte, entstand eine lebhafte Diskussion, die ein Jahr später die deutsche Medienlandschaft erreichte. Zwar hatte das Problem bereits 1959, als es in leicht veränderter Form im Wissenschaftsmagazin ›Scientific American‹ vorgestellt worden war, eine wahre Flut von Leserbriefen hervorgerufen, doch sorgte seine verblüffende Lösung ein weiteres Mal für Furore: Der Kandidat erhöht seine Gewinnchancen auf das Doppelte, wenn er seine Wahl revidiert.

Bleibt er bei der einmal gewählten Tür – nennen wir sie A –, gewinnt er in einem Drittel der Fälle das Auto, nämlich dann, wenn es bei A steht. Ändert er seinen Tip, beträgt seine Gewinnwahrscheinlichkeit zwei Drittel. In zwei von drei möglichen Fällen gewinnt er – nämlich, wenn sich die Luxuskarosse hinter Tür B oder C befindet:

– Steht sie in Ausgang B, zeigt ihm der Moderator die Ziege bei C. Der Kandidat wechselt von A auf B und wird zum Autoeigentümer.

– Ist C die Tür zum Wagenbesitz, öffnet der Showmaster B. Der Kandidat revidiert A zugunsten von C und gewinnt.

– Nur wenn A die Tür zum Glück war, verliert er.

Die meisten Menschen lassen sich täuschen und vertreten mehr oder weniger standhaft die Meinung, es sei egal, ob der Kandidat seine Wahl beibehält oder wechselt.

Um die Verwirrung komplett zu machen, ein letztes Beispiel dafür, daß man der Wahrscheinlichkeitsrechnung mit Intuition nicht beikommt. Was halten Sie von folgendem Spielchen: Jeder von uns beiden nennt eine Folge aus drei Symbolen, wie sie beim wiederholten Münzwurf auftritt, etwa »Wappen-Wappen-Zahl« oder »Zahl-Wappen-Zahl«. Dann wird die Münze solange geworfen, bis eine der beiden Sequenzen gefallen ist. Wessen Tip zuerst kommt, der hat gewonnen. Sie dürfen zuerst Ihre Symbolfolge nennen. Schlagen Sie ein?

Obwohl jede Dreiersequenz mit ein Achtel die gleiche Wahrscheinlichkeit hat, ist das Spiel – in der Fachliteratur als »paradoxical pennies« bekannt – unfair. Wer zuerst seinen Tip abgibt, verliert häufiger als in der Hälfte der Fälle. Ein kluger Gegenspieler wählt als seine letzten beiden Symbole die ersten beiden des ersten Tippers. Seinen ersten Tip setzt er so, daß nicht umgekehrt seine ersten beiden Symbole mit den letzten beiden des Kontrahenten übereinstimmen.

Setzen Sie zum Beispiel auf »Zahl-Wappen-Zahl«, kontert Ihr Gegenüber mit »Zahl-Zahl-Wappen«. Taucht dann irgendwann »Zahl-Wappen« auf, hat er in der Hälfte der Fälle schon gewonnen – nämlich, wenn zuvor »Zahl« gefallen war. Sie liegen dagegen nur dann richtig, wenn vorher »Wappen« und hinterher »Zahl« kam. Die Wahrscheinlichkeit dafür ist ein Viertel. Daraus und aus der Chance, gleich mit den ersten drei Würfen einen Treffer zu landen – diese ist $1/2 \cdot 1/2 \cdot 1/2 = 1/8$ –, berechnet sich die Gewinnwahrscheinlichkeit. Ihre liegt bei $1/4 + 1/8 = 3/8$.

Wer's nicht glaubt – ausprobieren. Der Autor brach seine Versuchsreihe nach 24 Spielen ab: Genau neunmal kam zuerst »Zahl-Wappen-Zahl«, fünfzehnmal »Zahl-Zahl-Wappen«.

Zufallszahlen

Sogenannte Zufallszahlen, Listen zufällig gewählter Zahlen, bändigen in Computersimulationen häufig Ungewißheiten, etwa ob es morgen regnet, nach welcher Betriebsdauer ein Gerät erstmals ausfällt, oder wie oft es zu Staus auf der Autobahn oder in der Produktion einer Fabrik kommt. Computer spielen mit ihrer Hilfe in Sekunden Vorgänge durch, die in der Wirklichkeit Wochen oder Monate dauern – und das nicht nur einmal: Gefüttert mit immer neuen Zufallszahlen rechnen sie Simulationen Tausende von Malen durch. Die Rechenknechte zählen dann, wie oft ein bestimmtes Ergebnis, zum Beispiel das Durchbrennen einer Glühbirne oder Regen am nächsten Tag, herauskommt. So läßt sich die Wahrscheinlichkeit dafür in der Realität abschätzen.

Die Forscher beackern mit Zufallszahlen auch Probleme, die gar nichts Zufälliges an sich haben. So spüren sie mit ihnen Ölvorkommen auf, koordinieren Roboterarme und sagen das Klima voraus. Sogar zur Berechnung von Flächen tragen sie bei. Mathematiker lassen dazu einen Regen von zufällig verteilten Punkten herabfallen, meist aus einer rechteckigen Wolke, in deren Schatten die zu bestimmende Fläche liegt. Die Anzahl der Tropfen, die das Gebiet treffen, geteilt durch die aller Tropfen ergibt je nach Regendichte mehr oder weniger genau die gesuchte Fläche. Bei kompliziert geformten Arealen führt oft allein diese Methode zum Ziel.

Verfahren, die sich auf Zufallszahlen stützen, heißen – nach dem berühmten Spielkasino am Mittelmeer – Monte-Carlo-Methoden. Erfunden haben sie Wissenschaftler im amerikanischen Manhattan-Projekt zur Entwicklung der Atombombe, sie wollten so die komplizierten Formeln der physikalischen Prozesse knacken.

Vorläufer der Monte-Carlo-Methode gab es indes schon im 18. Jahrhundert. Der französische Naturforscher Georges-Louis Leclerc de Buffon (1707 – 1788) warf damals mehrfach eine Nadel auf eine gestreifte Tischdecke, und zwar so, daß ihre Lage dem Zufall überlassen blieb. Dabei zählte er, wie oft er einen Streifen traf. Der Quotient aus der Anzahl der Treffer und allen Versuchen sollte sich der berechneten Wahrscheinlichkeit annähern, einen Streifen zu erwischen. Da in letzterer die Kreiszahl π auftaucht, konnte er so π approximativ bestimmen. Ein italienischer Mathematiker namens Lazzerini soll im Jahr 1901 eine solche Nadel 3408-mal geworfen haben.

Sein Resultat für π lag nur weniger als ein Millionstel neben dem wirklichen Wert. Eine so hohe Genauigkeit macht stutzig: Die Wahrscheinlichkeit dafür, daß Lazzerini π mit Hilfe reinen Zufalls so nahe kam, beträgt weniger als vier Prozent.

Um Zufallszahlen für Simulationen zu gewinnen, bewährt es sich nicht, zu würfeln oder Roulette zu spielen. Zu groß ist der Bedarf an Zahlen und zu unsicher, ob Rouletterad und Würfel wirklich ausschließlich vom Zufall regiert werden und nicht auf die Dauer Vorlieben für bestimmte Zahlen zeigen. Auch physikalische Zufallsereignisse wie den radioaktiven Zerfall herzunehmen, erwies sich als unpraktikabel.

Läßt man Versuchspersonen Zahlenreihen aufschreiben, ist das Resultat völlig unbrauchbar, denn in aller Regel trauen sich die Probanden nur selten, dieselbe Zahl zweimal oder noch öfter hintereinander zu setzen. Dabei fällt beim Würfeln zum Beispiel dieselbe Augenzahl im nächsten Wurf im Schnitt immerhin jedes sechste Mal. Bei einer Sequenz von 120 zufälligen Zahlen zwischen eins und sechs sind also immerhin rund zwanzig Paare gleicher Zahlen zu erwarten – und etwa dreimal drei gleiche Ziffern nacheinander. Menschliche Zufallsgeneratoren scheinen hingegen eine psychologische Sperre eingebaut zu haben, die ihnen einflüstert: «Wenn es zufällig aussehen soll, kann ich doch unmöglich die Zahl wieder nehmen, die ich gerade erst geschrieben habe.«

In den Anfangsjahren der Monte-Carlo-Methode brachte die Rand Corporation ein Buch heraus, das eine Million Zufallszahlen enthielt – soviel, wie moderne Supercomputer in einer Sekunde verschlingen. Sie mit Tabellen zu füttern, ist daher aussichtslos. Inzwischen ermitteln sich Computer selber mit einfachen Formeln Folgen von Zahlen, die so aussehen, als seien sie zufällig. So stehen jederzeit ausreichend lange Sequenzen zur Verfügung, überdies sind sie reproduzierbar. Ergebnisse können mit Hilfe exakt derselben Zahlenreihe nachgerechnet werden.

Der amerikanische Mathematiker und Computerpionier John von Neumann (1903 – 1957), der am Manhattan-Projekt mitwirkte, schimpfte zwar: «Jeder, der Zufallszahlen mit arithmetischen Methoden erzeugen will, sündigt.« Wenig später konnte er jedoch selbst der Versuchung nicht widerstehen. Sein Verfahren, die mittleren Ziffern von Quadraten herzunehmen, erwies sich jedoch als unbrauchbar.

Heute spuckt jeder programmierbare Taschenrechner auf Tastendruck ganze Listen von Zufallszahlen aus und jede Programmiersprache verfügt über einen entsprechenden Befehl. Meist wendet der Rechner eine einfache (lineare) Formel immer wieder an. Eine der Ausgangsgrößen ist dabei jeweils das Ergebnis des letzten Schritts. Angesichts des enormen Verbrauchs an solchen »Pseudozufallszahlen« bei Simulationen sind die zugrundeliegenden Formeln wohl die meistgebrauchten der Welt.

Aber was bedeutet überhaupt zufällig? Wie bei allen philosophischen Fragen fällt darauf die Antwort immer schwerer, je länger man nachdenkt. Mathematiker grübelten lange darüber nach, was unter einer idealen Zufallszahlenfolge zu verstehen sei. Wirft man eine Münze mehrmals nacheinander in die Luft und verzeichnet jeweils eine Eins für »Zahl« und eine Null für »Wappen«, sollte das Ergebnis als zufällig gelten können. Die Crux: Jede mögliche Zahlenfolge taucht mit gleicher Wahrscheinlichkeit auf. Die Chance für 00000 ist mit 1/32 genauso gut wie die für 10011, auch wenn letzteres erheblich zufälliger wirkt. Aber wieso zufälliger, und was könnte das heißen?

Die Komplexitätstheorie wies in den sechziger Jahren einen Ausweg: Eine Zahlenfolge ist ihr zufolge zufällig, wenn sie sich nicht mit einer kürzeren Zeichensequenz beschreiben läßt. 0,1,0,1,0,1,0,1,0,1,...,0,1 etwa kann man knapp ausdrücken als »wiederhole 0,1 x-mal«. Bei zufälligen Folgen darf es keine derartige Umschreibung in Kurzform geben. Theoretiker mag diese Definition befriedigen, doch lassen sich mit ihr nur Folgen als nicht zufällig erkennen, denn niemand kann für eine Folge nachweisen, daß sie nicht auf irgendeine Art knapper zu beschreiben ist. Für die Praxis taugt die Komplexitätstheorie daher nur bedingt. Meist werden Datenreihen mit statistischen Tests auf Zufälligkeit geprüft, die etwa abfragen, ob die Werte ungleichmäßig verteilt sind oder ob Differenzen aufeinanderfolgender Zahlen Regelmäßigkeiten aufweisen. Das sind immerhin Daumenregeln.

In den letzten Jahren haben Mathematiker ein neues Verfahren ersonnen, Zufälligkeit zu messen: Es prüft, wie schwer die Glieder einer Zahlenreihe vorhergesehen werden können. Kommt bei einer Folge aus Nullen und Einsen nach dem Zweierblock 01 meist eine Eins, haftet der Sequenz eine gewisse Vorhersehbarkeit an. Tauchen nach 01 indes Nullen und Einsen gleich oft auf, ergibt sich keinerlei Hinweis auf die nachfolgende Stelle. Die Formel der »angenäherten Entropie« bestimmt, wie sehr die Häufigkeiten der Nullen und Einsen nach den verschiedenen Zweierblöcken vom 50:50-Gleichgewicht abweichen, und errechnet den Mittelwert für alle Zweierblöcke. Dann kommen die Dreierblöcke dran – und so weiter.

Mit der Methode läßt sich der Zufallsgrad einer Zahlenfolge messen: von »gar nicht zufällig« über »so lala« bis »zufällig«. Inzwischen konstruierten Mathematiker Zahlenfolgen, die nach der Formel der angenäherten Entropie als zufällig gelten, nicht jedoch nach den zentralen Gesetzen der klassischen Wahrscheinlichkeitstheorie. Ob der neue Ansatz sich durchsetzt, bleibt daher abzuwarten.

Lügen, grobe Lügen und Statistik

Auf der Wahrscheinlichkeitstheorie baut auch die Statistik auf, das mathematische Teilgebiet mit dem schlechtesten Image. »Traue keiner Statistik, die Du nicht selbst gefälscht hast«,

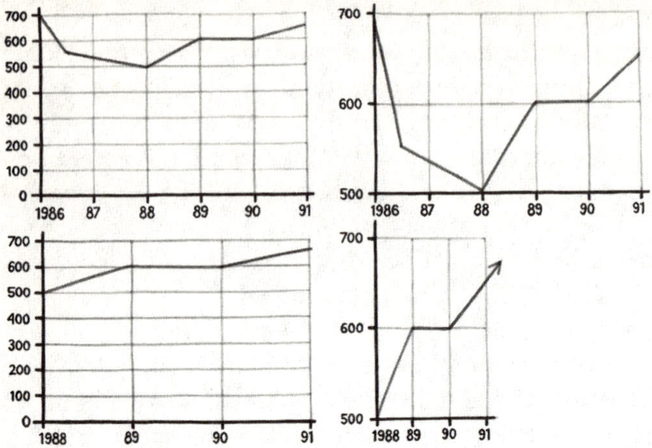

Die vier Kurven wirken zwar verschieden, stellen aber alle die gleiche Entwicklung dar.

lautet ein beliebtes Bonmot. Und der britische Politiker Benjamin Disraeli (1804 – 1881) urteilte: »Es gibt drei Arten von Lügen: Lügen, grobe Lügen und Statistik.« Dennoch erfreuen sich vermeintlich harte Zahlen zunehmender Beliebtheit. In großen Tageszeitungen findet sich oft mehr als hundertmal das Wort »Prozent«. Die verfälschende Wirkung entsteht oftmals in der graphischen Aufarbeitung. Da werden durch die Wahl des Maßstabs Unterschiede hervorgeholt, Zeitausschnitte so gewählt, daß der Effekt kraß aussieht und Trends in die Zukunft fortgesetzt. Mit letzterer Methode ließe sich auch »beweisen«, daß es im Jahr 2031 über eine Milliarde Autos in Deutschland gibt. Denn 1911 kurvten auf dem Gebiet der alten Bundesländer 18 000 Karossen, 1951 waren es 715 000, 1991 dann 31 Millionen. Also wächst der Bestand alle vierzig Jahre auf das Vierzigfache an. Nach weiteren vier Jahrzehnten würden demnach 1,2 Milliarden Autos, das sind mehr als zehn pro Einwohner, die Straßen verstopfen.

»Sechzig Prozent aller Piloten in der zivilen Luftfahrt sterben vor dem 65. Lebensjahr«, berichtete die Londoner ›Times‹ vor einigen Jahren über eine Studie, mit der eine Fliegervereinigung die vermeintlich frühe Sterblichkeit der Piloten aufklären wollte. Dabei hatte der Berufsverband schlicht vergessen, an die spezielle Altersstruktur seiner Mitglieder zu denken: Da sich der zivile Luftverkehr in den letzten Jahren explosionsartig entwickelt hat, sind die meisten Flugzeugführer – ob aktiv oder pensioniert – jünger als 65 Jahre. Kein Grund zur Sorge also, daß auch sechzig Prozent der verstorbenen Piloten dieses Alter noch nicht erreicht hatten.

Ein anderes, fiktives Beispiel: Ein Test auf eine meist tödlich verlaufende Virusinfektion – mit hierzulande schätzungsweise 8000 Infizierten – erkennt jeden Träger des Virus, schlägt aber in einem Prozent der Tests auch bei Gesunden an. Nun ist das Ergebnis bei Ihnen positiv – bei wem machte sich da nicht Entsetzen breit? Dabei besteht höchstwahrscheinlich kein Grund zur Panik. Denn angenommen, alle Deutschen ließen sich untersuchen, dann würde der Test rund 800 000 (ein Prozent von achtzig Millionen Einwohnern) fälschlicherweise als infiziert ausweisen. Dem gegenüber stehen die nur ungefähr 8000 Träger des Virus. Trotz positiven Ergebnisses zählen Sie somit zu 99 Prozent zu den Gesunden.

Wer sich bluffen ließ, darf sich trösten, in bester Gesellschaft zu sein. Die Hamburger Biophysiker Hans-Peter Beck-Bornholdt und Hans-Hermann Dubben haben einen ähnlich konstruierten Fall auf einer Fachtagung vorgestellt und die Experten gebeten, die Infektionswahrscheinlichkeit bei positivem Testergebnis anzugeben. Von 15 Befragten wußte nur einer die richtige Antwort.

Für die Fehlinterpretation von Daten sorgt auch immer wieder die Verwechslung von Korrelation, also der rein zahlenmäßigen Gleichentwicklung, mit Kausalität. Klassisches Beispiel: Zwischen 1964 und 1978 sank die Geburtenrate in

Deutschland; gleichzeitig verkleinerte sich die Storchenpopulation. Aber bringt deswegen der Klapperstorch die Babys? Eine Befragung nach dem Einkommen würde vermutlich die These »Kahlköpfe verdienen mehr« stützen. Zwar sind Barhäuptige bestimmt nicht geschäftstüchtiger als Leute mit Haaren, aber männlich und meist etwas älter. Und reifere Männer sitzen häufiger in gehobener Position mit entsprechendem Salär.

Bei diesen Beispielen ist offensichtlich, daß keine kausale Beziehung zwischen den Aussagen besteht. In anderen Situationen können aber ähnliche Trugschlüsse böse Konsequenzen nahelegen: Großstädte haben eine erhöhte Kriminalitätsrate und einen größeren Anteil an Ausländern. Wer schon aus dieser Korrelation folgert, Menschen aus anderen Ländern neigten stärker zum Verbrechen, drückt sich um den detaillierten Vergleich von Verurteilungszahlen zwischen Ausländern und gleichaltrigen, gleichgeschlechtlichen Deutschen. Da kann er genausogut gleich an den Klapperstorch glauben.

Optimierung

Im Alltag sehen wir uns ständig vor Optimierungsaufgaben gestellt: Wo kaufen wir was am günstigsten ein? Wie legen wir unser Geld am zinsträchtigsten und sichersten an? Welcher Beruf könnte einem Freude bereiten und ist überdies zukunftsweisend? Auch die Mathematik beschäftigt sich mit Optimierung, diese Teildisziplin gewinnt sogar mit der Allgegenwart der Computer zunehmend an Bedeutung. Eines der am häufigsten angewandten mathematischen Konzepte ist die lineare Optimierung. Linear steht dafür, daß in den beschreibenden Gleichungen nur plus, minus und mal auftauchen, also keine Potenzen oder komplizierteren Gebilde.

Ein Beispiel: Ein Teppichknüpfer hat zwei Zentner rotes und zwei Zentner gelbes Garn gekauft, das er zu Teppichen verarbeiten will. Dabei plant er zwei Modelle: Für Modell A braucht er pro Teppich ein Kilogramm rotes und zwei Kilogramm gelbes Garn, für Modell B drei Kilogramm rotes und ein Kilogramm gelbes. Modell A verkauft er für 80 Mark das Stück, Modell B für 100 Mark. Wieviel sollte er von jedem Modell herstellen, um bei den gegebenen Vorräten maximalen Umsatz zu machen?

Das Problem läßt sich leicht »mathematisieren«: Bezeichnet x die Anzahl der Teppiche vom Modell A, die unser Knüpfer herstellt, y die vom Modell B. Dann muß gelten:

$x + 3y \leq 100$ (er hat 100 Kilogramm rotes Garn auf Lager)
$2x + y \leq 100$ (er hat 100 Kilogramm gelbes Garn auf Lager)

(Natürlich gilt auch $x \geq 0$, $y \geq 0$. Eine negative Anzahl Teppiche läßt sich schlecht verkaufen.) Unter diesen beiden Bedingungen ist nun der Gesamtpreis zu maximieren:

$$\text{maximiere } 80x + 100y.$$

Dieses Maximierungsproblem läßt sich zeichnerisch deuten (siehe Abbildung nächste Seite): In einem Koordinatensystem bildet die Gesamtheit aller Punkte (x,y) mit $x + 3y = 100$ eine Gerade, alle Punkte (x,y) mit $x + 3y \leq 100$ liegen links unter der Geraden. Entsprechendes gilt für $2x + y \leq 100$. Alle zulässigen Lösungen des Teppichproblems befinden sich in dem Viereck, das diese Geraden mit den beiden Koordinatenachsen aufspannen.

Für beliebige positive Zahlen p liegen alle Punkte (x,y) mit $80x + 100y = p$ ebenfalls auf einer Gerade. In der Zeichnung sind die Geraden für $p = 2400$, 3600 und 5200 eingetragen. Für verschiedene Werte von p ergeben sich Parallelen. Gesucht

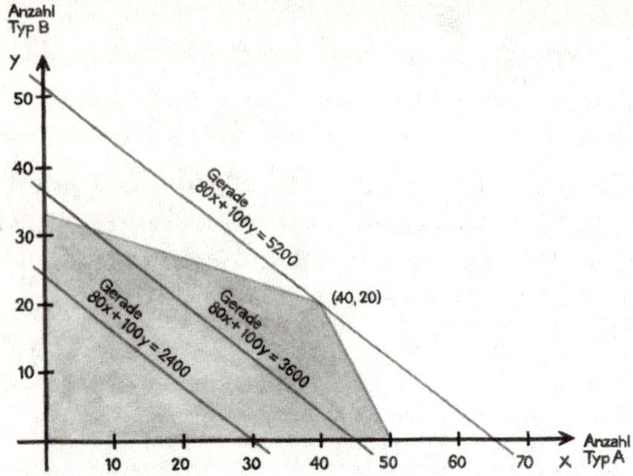

Die zulässigen Lösungen des Teppichproblems lassen sich als die Punkte im schraffierten Viereck deuten. Alle Punkte auf den Geraden korrespondieren mit Teppichzahlen, mit denen der Knüpfer 2400, 3600 bzw. 5200 Mark erzielen könnte.

ist nun der Punkt, der in dem Viereck auf der am weitesten nach rechts verschobenen Parallelen dieser Geraden liegt. Es ist der Punkt (40,20). Unser Teppichknüpfer sollte also 40 Teppiche vom Modell A herstellen und 20 vom Modell B.

In der Realität sind die Probleme natürlich meist umfangreicher als in unserem simplen Beispiel. Schon bei den Teppichen können viele Farben und noch mehr Modelle zu berücksichtigen sein, an der Struktur der Aufgabe ändert das freilich nichts. Gibt es mehr Modelle, läßt es sich zwar nicht mehr so leicht in einer Graphik verdeutlichen. (Die zulässigen Lösungen bilden dann zwar auch Vielecke, aber eben höherdimensionale, und die lassen sich schlecht zeichnen.) Doch das Optimum zu finden, gelingt genauso. Mathematiker haben dazu bereits 1947 ein Verfahren, die sogenannte Simplex-Methode, entwickelt. Mit ihr und der Hilfe von Computern gelang es ihnen, lineare Optimierungsaufgaben mit Millionen Variablen zu lösen. Daß die Lösung in unserem Beispiel auf eine Ecke des Vierecks fiel, war kein Zufall. Eine der Ecken des zulässigen Bereiches ist bei linearen Problemen immer optimal, egal wie die Nebenbedingungen im Detail aussehen. Die Simplex-Methode hangelt sich von Ecke zu Ecke und verbessert den Zielwert dabei jedes Mal, bis sie schließlich beim Optimum landet. Inzwischen haben Mathematiker auch andere Lösungsstrategien ersonnen, die sich dem klassischem Verfahren in einigen Fällen überlegen zeigten, dennoch gehört es zu den erfolgreichsten mathematischen Erfindungen. Experten behaupten, von einem angemessenen Prozentsatz dessen, was die Simplex-Methode Unternehmen Kosten gespart hat, könnten sich alle forschenden Mathematiker der Welt problemlos finanzieren.

Das Problem des Handlungsreisenden

Weit weniger erfolgreich war die Zunft bisher bei einer anderen Optimierungsaufgabe: Ein Handlungsreisender soll eine Anzahl von Städten aufsuchen, dabei will er seine Route so wählen, daß die zurückzulegende Gesamtstrecke möglichst kurz ist und er jede Stadt nur einmal betritt. Was sich einfach anhört, führt zu einer aufwendigen Suche nach dem besten Weg, sobald mehr als nur eine Handvoll Städte auf dem Programm stehen. Bei zehn Stationen etwa gibt es schon mehr als drei Millionen Alternativen, sie abzuklappern. Doch fangen wir systematisch an: Bei zwei Städten A und B gibt es zwei Möglichkeiten, entweder unser Reisender fährt zuerst nach A und dann nach B oder andersrum. Bei drei Städten A, B und C kann er schon zwischen sechs Routen wählen: ABC, ACB, BAC, BCA, CAB, CBA. Bei vier sind es 24, bei fünf 120. Allgemein: Bei n Städten gibt es $n \cdot (n-1) \cdot (n-2) \cdot \ldots \cdot 2 \cdot 1$ verschiedene Reiserouten (Mathematiker nennen dieses Produkt n Fakultät, in Zeichen $n!$). Die Anzahl der Möglichkeiten steigt rasend schnell ins Unermeßliche. Angenommen, wir wollten alle Routen bei zwanzig Städten aufschreiben, brächten jeweils tausend verschiedene Routenpläne auf einer Schreibmaschinenseite unter und legten die Seiten aufeinander. Dann ergäbe sich ein Papierturm, der bis zur Sonne reichte.

Das Ärgerliche ist nun, daß bis heute kein Verfahren bekannt ist, wie sich auf effiziente Weise die kürzeste Strecke bestimmen läßt, also ohne allzu viele Alternativen durchzuprobieren. Mit schnellen Rechner bewältigen Experten das Problem des Handlungsreisenden für einige hundert Städte. Überdies haben sie relativ schnelle Verfahren entwickelt, die zwar nicht unbedingt zum Optimum führen, aber wenigstens zu einer brauchbaren Route, die höchstens wenige Prozent länger ist. Mit diesen schaffen sie einige Millionen Städte.

Mehr Straßen führen zu mehr Stau

Mit Verkehrsproblemen schlagen sich Mathematiker nicht nur herum, wenn sie imaginäre Handlungsreisende auf den Weg schicken, so untersuchen sie auch, wie Staus entstehen oder was es bringt, neue Straßen zu asphaltieren. Dabei lauert an mancher Baustelle eine Überraschung: Der Bochumer Mathematiker Dietrich Braess bewies, daß der Bau einer neuen Straße zu mehr Stau führen kann.

In seinem Modell führen von A-Dorf nach D-Stadt zwei Verbindungen, eine über B-Hausen und eine über C-Burg. Sechstausend Autos fahren zur Rush-hour von A-Dorf nach D-Stadt. Die Autobahnen von A-Dorf nach C-Burg und von B-Hausen nach D-Stadt sind gut ausgebaut und unabhängig von der Verkehrsdichte in 50 Minuten hinter sich zu bringen. Die Straßen von A-Dorf nach B-Hausen und von C-Burg nach D-Stadt sind zwar relativ kurz, aber sehr eng. Rollen tausend Autos auf ihnen, brauchen sie 10 Minuten. Sind es zweitausend, benötigen sie 20 Minuten. Bei dreitausend ist die Reisezeit 30 Minuten, bei viertausend 40, bei fünftausend 50 und

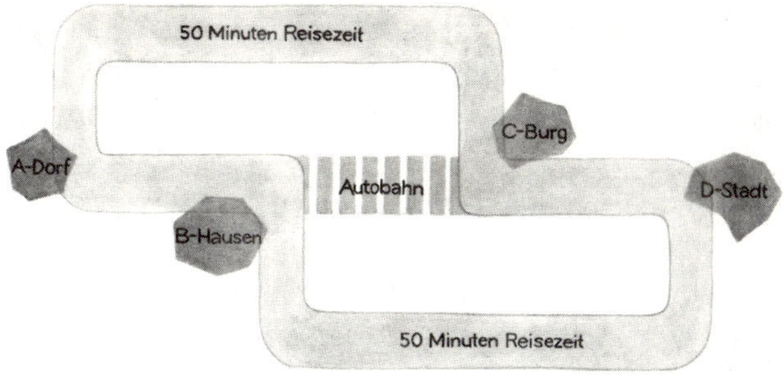

Der Bau der Autobahn führt zu Stauungen auf den Straßen von A-Dorf nach B-Hausen und von C-Burg nach D-Stadt.

bei sechstausend 60 Minuten. Schlägt die eine Hälfte der Fahrer den Weg über B-Hausen ein, die andere den über C-Burg, erreicht keiner schneller sein Ziel, wenn er die andere Route ansteuert. Damit ist das erreicht, was Mathematiker als stabilen Zustand bezeichnen. Jeder braucht 80 Minuten von A-Dorf nach D-Stadt. Nun läßt der Verkehrsminister eine neue Autobahn bauen, über die die Autos in zehn Minuten von B-Hausen nach C-Dorf brettern können. Keine gute Idee: Denn die neue schnelle Straße lockt Fahrer an und läßt damit den Verkehr auf den Strecken von A-Dorf nach B-Hausen und von C-Burg nach D-Stadt anwachsen – was die Reisezeit verlängert. Und zwar für alle Fahrer, selbst für diejenigen, die die alte Strecke ansteuern. Die Entlastung der Autobahnen bringt nichts, da sie in jedem Fall binnen 50 Minuten bewältigt werden. Sucht sich jetzt jeder Chauffeur die für ihn günstigste Verbindung, sind alle 90 Minuten, also zehn Minuten länger, unterwegs. Auf den Straßen von A-Dorf nach B-Hausen und von C-Burg nach D-Stadt drängeln sich zum Beispiel nun viertausend Autos, die für die Engpässe jeweils 40 Minuten brauchen. Und kein Fahrer kann seine Reisezeit verkürzen, indem er eine andere Strecke wählt.

Zugegeben, die Szene wirkt etwas konstruiert. Doch Computersimulationen realitätsnaher Straßennetze mit Ampeln bestätigten das kuriose Resultat.

Mathematische Spiele

Mathematisch läßt sich das Braess-Paradoxon auf das sogenannte »Gefangenendilemma« zurückführen, das zur Spieltheorie gehört. Diese mathematische Teildisziplin, die der Mathematiker und Computerpionier John von Neumann in den dreißiger Jahren dieses Jahrhunderts gründete, befaßt sich mit Gesellschaftsspielen wie »Schach« oder »Mensch-ärgere-Dich-nicht« nur am Rande. Von Neumann wollte mit ihr vielmehr einen neuen Zugang zur Ökonomie eröffnen. Die Spieltheorie untersucht das strategische Verhalten von Akteuren, die nach Belohnung streben oder Strafen vermeiden wollen. Die Handelnden können dabei Einzelpersonen sein, Teams, Parteien oder gar ganze Nationen.

Das Problem des Handlungsreisenden etwa läßt sich als ein Ein-Personen-Spiel auffassen: Der Reisende sucht eine Strategie, um möglichst wenig Kilometer fressen zu müssen. In der Spieltheorie sind hingegen meist mehrere Parteien beteiligt, die sich gegenseitig bekämpfen oder miteinander kooperieren.

Beim Gefangenendilemma stehen zwei mutmaßliche Komplizen vor der Wahl, die Aussage zu verweigern oder auszupacken. Halten beide dicht, kann ihnen nicht viel nachgewiesen werden, und sie müssen ein Jahr abbrummen. Singt nur der eine, kommt er als Kronzeuge frei, sein Kollege wandert für elf Jahre hinter Gitter. Reden beide, verurteilt sie der Richter zu je zehn Jahren. Nun überlegen sich beide: Verrät mein Partner nichts, sitze ich ein Jahr, wenn auch ich schweige, komme aber frei, wenn ich plaudere. Legt der andere los, brumme ich elf Jahre, wenn ich stumm bleibe, mache ich den

Mund auf, nur zehn. Aussagen ist daher für beide die bessere Strategie. (Jedenfalls, wenn sie nicht perfiderweise schon vor der Festnahme vereinbart haben, auf keinen Fall zu quatschen.) Damit verschwinden sie indes für zehn Jahre hinter schwedische Gardinen.

Das Gefangenendilemma macht nicht nur schweren Jungs zu schaffen, es beschreibt die Crux jeglichen menschlichen – und, wie Biologen herausfanden, auch tierischen – Zusammenlebens – den Konflikt zwischen Allgemeinwohl und Einzelinteresse, von der Hausordnung bis zum Wettrüsten. »Schweigen« ist dabei durch »kooperieren« zu ersetzen, »reden« durch »nur an den eigenen Vorteil denken«.

In der wirklichen Welt treffen die Akteure indes meist nicht nur einmal, sondern mehrmals aufeinander, etwa bei ökologischen Konflikten. Fischfangquoten auf den Weltmeeren ändern sich von Jahr zu Jahr, sind sie zu hoch angesetzt, sinken die Fischbestände und die Fischer bereiten ihrer eigenen Industrie das Grab. Andererseits will natürlich jeder einen möglichst großen Fang machen. Dieses Beispiel erforschen Freiburger Psychologen. Unter anderem lassen sie Versuchspersonen fiktive Fangquoten aushandeln und ermitteln im Rechner jeweils die Auswirkungen auf die Fischpopulation.

Stehen wiederholt Entscheidungen an, ist die Lage kompliziert. Phänomene wie Vertrauen, Bestrafung, Altruismus und Rache spielen eine Rolle. Vor einigen Jahren forderte der US-amerikanische Politologe Robert Axelrod Wissenschaftler auf, Computerprogramme zu schreiben, die Strategien für das »wiederholte Gefangenendilemma« erzeugen. Die Programme sollten für jeden Durchgang aus der Vorgeschichte errechnen, ob die harte oder weiche Linie verfolgt wird. Axelrod ließ die ihm zugesandten Strategien gegeneinander antreten und kam zu dem überraschenden Ergebnis, daß mit »tit-for-tat« eine der einfachsten Strategien die erfolgreichste war.

Tit-for-tat (deutsch »Wie Du mir, so ich Dir«) beginnt mit der weichen Linie und wählt dann stets die Strategie, die der Gegner im letzten Spielgang verfolgte. Kooperation wird also mit Kooperation belohnt, egoistisches Verhalten mit gleicher Münze zurückgezahlt. In der Spieltheorie nehmen Mathematiker menschliches Verhalten unter die Lupe. Entscheidend ist dabei oft das subjektive Gerechtigkeitsgefühl, und um das geht es auch beim gerechten Teilen, sei es von gesellschaftlichem Reichtum oder Kuchenstücken.

Wenn sich zwei ein Stück Kuchen teilen müssen, können sie nach der altbekannten Regel vorgehen: Einer schneidet, der andere wählt. Dann kann sich hinterher keiner beschweren. Wer das Messer führte, sieht beide Kuchenstücke als gleich groß an; und der andere durfte sich ja die seiner Meinung nach größere Schnitte aussuchen. Was nun aber, wenn sich mehr als zwei Esser das Gebäck teilen sollen? Mathematiker haben in den letzten fünfzig Jahren einige Methoden entwickelt, nach denen drei Akteure etwas unter sich aufteilen können, ohne daß sich einer betrogen vorkommen muß.

Die einfachste heißt »Schwebendes Messer«. Bei ihr führt eine der drei Personen das Messer langsam von links nach rechts über den Kuchen, ohne zu schneiden. Sobald einer glaubt, nun stehe die Klinge richtig, um genau ein Drittel vom Kuchen abzuschneiden, ruft er »stop«. Das Messer hält daraufhin an und zerlegt das Gebäck in zwei Teile. Der Rufer bekommt das kleinere Stück und ist zufrieden, da er es für genau ein Drittel hält. Den Rest teilen die beiden anderen nach der bewährten Devise »einer schneidet, einer wählt« unter sich auf.

Beim »Schwebenden Messer« sind zwar alle davon überzeugt, mindestens ein Drittel des Kuchens abbekommen zu haben, doch könnte ein Beteiligter ja glauben, ein anderer sei besser davongekommen. Wer als erster »stop« gerufen hat, könnte etwa auf einen seiner beiden Kontrahenten neidisch sein, wenn dieser nach seiner Meinung beim Aufteilen des

Gerechtes Teilen

Drei Personen – Arthur, Berta und Claudia – teilen einen Kuchen so unter sich auf, daß niemand einen anderen beneiden kann: Als erstes zerschneidet Arthur den Kuchen in drei, seiner Meinung nach faire Stücke. Berta stutzt nun die Schnitte, die sie größer als die beiden anderen findet, so zurecht, daß sie nach ihrem Gefühl genauso groß ist wie die zweitgrößte. Das Kuchenstückchen, das sie dabei abgeschnitten hat, wird als *Rest* auf die Seite gelegt. Hält Berta nach Arthurs Werk zwei (oder drei) Stücke zugleich für die größten, unternimmt sie nichts. Anschließend darf Claudia ein Stück ihrer Wahl einstreichen. Von den übrigen beiden Stücken darf sich Berta eines aussuchen. Sollte sie vorhin eine Schnitte verkleinert haben und hat Claudia diese verschmäht, muß sie das *angeknabberte* Stück selbst nehmen. Arthur bekommt das Kuchenstück, das liegengeblieben ist. Bis dahin kann niemand neidisch sein: Arthur erhielt ein komplettes, von ihm zurechtgeschnittenes Stück, das er folglich für ein Drittel des Kuchens hält, und mehr können die beiden anderen aus seiner Sicht auch nicht herausholen. Claudia hatte die freie Auswahl. Und Berta hat mit ihrer ersten Aktion dafür gesorgt, daß es zwei Stücke gibt, die für sie gleichermaßen die größten sind. Hat Claudia sich eins davon geschnappt, kann sie sich das andere zu Gemüte führen. Der Rest, den Berta möglicherweise abgesäbelt und damit vorerst aus dem Spiel genommen hat, läßt sich neidfrei verteilen, indem die drei das Verfahren immer wieder durchexerzieren. Sitzen vier Personen hungrig am Tisch, gelingt die neidfreie Teilung mit einem genialen Trick: Arthur zerschneidet im ersten Schritt den Kuchen in fünf Stücke. Die weiteren Teilungsvorschriften sind reichlich kompliziert. Sind fünf Mäuler zu stopfen, muß Arthur das Backwerk gar in neun Stücke zerlegen, bei sechs Mitessern in siebzehn.

Reststückes mehr als die Hälfte – also mehr als ein Drittel vom gesamten Kuchen – einstreichen konnte. Gibt es ein Verfahren, das garantiert, daß jeder Akteur seine Beute für mindestens so groß hält wie die jedes anderen? Vor wenigen Jahren haben der Politologe Steven Brams und der Mathematiker Alan Taylor eines ausgetüftelt, das zudem nicht nur für drei Mitesser funktioniert, sondern für beliebig viele. Auch das ist Mathematik.

Beweis

In der Forschung stellen Mathematiker neue Theoreme auf und beweisen sie. Doch obwohl in der Königin der Wissenschaft jeder Begriff exakt definiert ist, bleibt bis heute eine Frage offen: Was ist eigentlich ein Beweis? Bis weit ins 19. Jahrhundert hinein galten mathematische Aussagen als bewiesen, wenn sie anschaulich, klar und einleuchtend waren. Doch führt die reine Anschauung in vielen Fällen aufs Glatteis. Eine in keinem Punkt differenzierbare Kurve etwa, also eine durchgezogene Linie, die nirgendwo glatt ist, kann sich niemand bildlich vorstellen oder gar zeichnen (zumindest konnte das niemand, bevor die ersten Computerbilder von Fraktalen wie der Mandelbrot-Menge auftauchten). Dennoch lassen sich solche mathematischen Monster konstruieren.

Vor hundert Jahren erschütterten solche Beispiele, bei denen der gesunde Menschenverstand versagt, die Fachwelt. Der französische Mathematiker Charles Hermite (1822 – 1901) etwa schrieb: »Mit Schrecken und Entsetzen wende ich mich von der beklagenswerten Wunde der stetigen, nirgends differenzierbaren Funktionen ab.«

Noch vor der Jahrhundertwende versuchten Mathematiker, die nur anschaulich fundierten Begriffe durch strengere zu ersetzen. Bertrand Russell (1872 – 1970) und Alfred North Whitehead (1861 – 1947) veröffentlichten das dreibändige Werk ›Principia Mathematica‹, in dem sie versuchten, die gesamte bis dahin bekannte Mathematik auf grundlegende, unwiderlegbare Prinzipien der Logik zu reduzieren. Das Werk ist derart mit logischen Symbolen gespickt und frei von normaler Sprache, daß der Mathematikhistoriker Ivor Grattan-Guinness seine Seiten als »tapetenmusterähnlich« bezeichnete.

Das Fundament, auf dem die Logiker jede Mathematik aufbauen wollten, sollte die Mengenlehre werden.

Jede Menge Aufregung

Vor dreißig Jahren geisterte ein Gespenst durch die deutschen Schulen: Die Mengenlehre wurde in den Schulstoff aufgenommen und brachte vor allem die Eltern der Schüler an den Rand der Verzweiflung. Denn an sich ist diese mathematische Theorie – zumindest soweit sie in der Schule auftaucht – nichts Geheimnisvolles, nur war sie damals eben im Gegensatz zu anderem Schulstoff Mutter und Vater gänzlich unbekannt.

Mengenlehre ist der Versuch, eine Theorie aufzustellen, ohne irgend etwas vorauszusetzen, worum es eigentlich geht, dementsprechend abstrakt ist das Ganze. Von einer Menge wird nur gefordert, daß sie sogenannte Elemente hat. Was diese sind, ist vollkommen offen. Eine Menge stellt so etwas wie einen idealisierten Container dar, ein Ding, das alles mögliche enthalten kann. Am leichtesten ist das Konzept anhand von Beispielen zu verstehen. So könnte man etwa die Menge der Bundestagsabgeordneten betrachten, die der Buchstaben dieser Seite, die der Atome des Universums. Natürlich können Mengen auch unendlich viele Elemente haben, wie etwa die Menge der Primzahlen.

Die mathematischen Zeichen für Mengen sind geschweifte Klammern: $\{1,2,3\}$ etwa ist die Menge mit den Elementen 1, 2 und 3, {2,3,5,7,11,13,...} die der Primzahlen. Mengen können miteinander vereinigt werden: Die Menge der Männer vereinigt mit der Menge der Frauen ist die Menge der Erwachsenen. {1,2,3} vereinigt mit {2,3,5,7,11,13,...} ergibt {1,2,3,5,7,11,13,...}. Oder miteinander geschnitten: Die Menge der Männer geschnitten mit der Menge der Bundestagsabgeordneten ergibt die Menge der männlichen Bundestagsabgeordneten. {1,2,3} geschnitten mit {2,3,5,7,11, 13,...} ist {2,3}.

Dann gibt es noch die sogenannte leere Menge, die sozusagen das Nichts repräsentiert. Schneidet man etwa die Menge der Männer mit der der Frauen, kommt die leere Menge heraus (zumindest wenn Zwitter weder als Mann noch als Frau gelten). Das ist eigentlich schon nahezu alles, was unter Mengenlehre in der Schule passiert. In der Geschichte der Mathematik spielten sich um sie hingegen Dramen ab.

So allgemein wie das Konzept gehalten ist, bot es sich an, Mengen zum Ausgangspunkt für alles andere zu küren. Entsprechend groß war das Entsetzen, als Bertrand Russell in der Mengenlehre auf ein Paradoxon stieß.

Elemente von Mengen können alles mögliche sein, also auch selbst Mengen. So ist etwa {1,{1,2}} die Menge, die aus der Zahl 1 und der Menge {1,2} besteht. Russell fragte sich nun, ob eine Menge sich selbst als Element enthalten kann. Die Menge aller Teelöffel, überlegte er, ist sicherlich kein Teelöffel. Also enthält sie sich nicht selbst. Bei der Menge aller Dinge, die keine Teelöffel sind, sieht die Sache indes anders aus. Zu ihr gehören Suppenlöffel, Bundestagsabgeordnete, Primzahlen, eben alles, was kein Teelöffel ist. Aber auch die Menge aller Nicht-Teelöffel ist kein Teelöffel und müßte sich somit selbst enthalten. Ein anderes Beispiel für eine dieser seltsam anmutenden Konstruktionen ist »die Menge aller Objekte, die sich in genau dreizehn deutschen Wörtern beschreiben lassen«. Da sie sich in dreizehn deutschen Wörtern beschreiben läßt, sollte sie ein Element von sich selbst sein. Wem diese Konstruktion reichlich abgehoben vorkommt, der stelle sich eine Bibliothek vor. Die meisten Werke darin werden keinen Verweis auf sich selbst enthalten, der Katalog aller ihrer Werke könnte sich indes sehr wohl selbst enthalten. Schließlich steht auch dieses Buch in den Regalen.

Solche Mengen, die sich selbst enthalten, führen in eine logische Zwickmühle, die dem Barbier-Paradoxon ähnelt: Barbier K. Linge rasiert alle Männer des Dorfes, die sich nicht selbst rasieren, und keinen mehr. Wer kümmert sich dann um Herrn Linges Bartstoppeln? Rasierte er sich selbst, nähme er einen unter die Klinge, der sich selbst rasiert. Also entfernt er sich nicht selbst den Bartwuchs. Dann aber müßte er doch sein Kinn bearbeiten, da er ja jeden auf den Stuhl nimmt, der sich nicht selbst barbiert. Übertragen auf die Bücherei stellen wir uns einen Katalog vor, der nur alle die Bücher enthält, die nicht auf sich selbst Bezug nehmen. Verweist dieser Katalog auf sich selbst? Nein, denn sonst enthielte er ein Buch, das auf sich selbst Bezug nimmt. Taucht also kein Selbstverweis auf? Das kann auch nicht sein, da sonst der Katalog zu den Büchern gehören würde, die in ihm verzeichnet sind.

Zurück zu den Mengen: Russell definierte sogenannte R- und M-Mengen: R-Mengen sind die Mengen, die sich selbst als Element enthalten. M bezeichnet die Menge aller Mengen außer den R-Mengen. Nun kommt die Frage, die die Grundfeste der Mathematik erschütterte: Ist M eine R-Menge? Einerseits nein. Denn wäre sie eine, müßte sie sich selbst und damit eine R-Menge enthalten. Ist M also keine R-Menge? Das andererseits auch nicht, da M dann sich selbst enthielte, und damit doch eine R-Menge wäre.

Verzwickte Geschichte, aber die Auswirkungen sind fatal – wir sind in der Mengenlehre, der Grundlage aller Mathematik auf einen inneren logischen Widerspruch gestoßen. Besonders heftig traf das den Logiker Gottlob Frege (1848 – 1925), der gerade an einem zweibändigen Werk ›Grundgesetze der Arithmetik‹ saß, als Russell seine seltsamen Mengen konstruierte. In ihm stützte er sich voll auf die Mengenlehre. »Ein Wissenschaftler kann kaum mit Schlimmerem konfrontiert werden, als daß die Grundlagen seiner Arbeit zusammenbrechen, sobald er sie beendet hat«, schrieb er verbittert. »Ich wurde durch den Brief von Herrn Bertrand Russell in genau diese Situation versetzt, als mein Werk schon fast fertig im Druck vorlag.«

Doch wie muß einer geschnitzt sein, der so spitzfindige Überlegungen anstellt, um die Konsistenz eines Ansatzes zu prüfen? Bertrand Russell war eine schillernde Persönlichkeit, der in seinem Leben mehrfach aneckte, sei es durch seine antimilitaristische Einstellung oder seine lockere Auffassung ehelicher Treue. Sein Bekenntnis zur Mathematik teilen indes sicherlich etliche seiner Kollegen: »Das wirkliche Leben ist für die meisten ein ständig währender Kompromiß zwischen dem Idealen und dem Möglichen, ein ewiges Abfinden mit dem Zweitbesten. Aber die Welt der reinen Vernunft kennt keine Kompromisse, keine praktischen Grenzen, keine Beschränkung für die schöpferische Aktivität, die das leidenschaftliche Streben nach dem Vollkommenen, dem alle großen Leistungen entspringen, einfängt. Fern menschlicher Leidenschaften, ja fern von den bedauernswerten natürlichen Gegebenheiten, haben die Generationen einen geordneten Kosmos geschaffen, wo sich der reine Gedanke wie in seinem natürlichen Zuhause aufhalten kann und wo wenigstens einer unserer edleren Impulse aus dem trostlosen Dasein der realen Welt entrinnen kann.«

Russell war einer der wenigen Mathematiker, die mit dem Nobelpreis ausgezeichnet wurden – allerdings nicht für seine mathematischen Leistungen, denn einen Nobelpreis für Mathematik gibt es nicht. Für seine schriftstellerischen Fähigkeiten bekam er 1950 den Literaturnobelpreis. Durch Russells Paradoxon stand ausgerechnet die exakteste der Wissenschaften auf den wackligen Füßen einer inneren Widersprüchlichkeit, das galt es nun zu reparieren. Nach Jahren fruchtloser Bemühungen diskutierten die Logiker das Problem einfach weg, indem sie sich darauf einigten, eine Menge, die sich selbst enthalte, sei gar keine richtige Menge. Für Russell zählte dieser Ausweg zu den »Theorien, die zwar richtig sein mögen, aber bestimmt nicht elegant«.

Die Grenzen der Logik

Für die Logiker kam es noch dicker. Im Jahr 1900 hatte der Göttinger David Hilbert in einem wegweisenden Vortrag vor dem Internationalen Mathematikerkongreß 23 Probleme formuliert, deren sich die Gemeinde verstärkt annehmen sollte. Eines davon war, ein System von Axiomen und Beweisregeln zu entwerfen, in dem sich die gesamte bis dahin bekannte Mathematik einordnen ließe. Als mathematisch existent galt ihm dabei alles, was sich widerspruchsfrei aus Axiomen ableiten läßt – unabhängig davon, ob es intuitiv einsichtig ist oder nicht. Hilberts System sollte »widerspruchsfrei« und »vollständig« sein. Jede Aussage sollte also entweder nachgewiesen oder widerlegt werden können.

In den ersten Jahrzehnten dieses Jahrhunderts arbeitete man ebenso fieberhaft wie vergebens an diesem Projekt. Anfang der dreißiger Jahre stieß der damals 25jährige Kurt Gödel (1906 – 1978) an die unverrückbaren Grenzen der Logik. Der Österreicher legte dar, daß jedes widerspruchsfreie System von Axiomen, zum Beispiel das der Arithmetik, unvollständig ist: Es enthält Sätze, die sich weder beweisen noch widerlegen lassen. Manche Vermutung können Mathematiker also prinzipiell weder verifizieren noch widerlegen, sosehr sie sich auch den Kopf darüber zerbrechen. Ein herber Schlag für die Zunft, die bis dahin fest an die Allmacht ihrer Logik geglaubt hatte. Gödels Idee beruhte darauf, in der Formelsprache dieser Systeme Aussagen zu formulieren, die zwar wahr, aber nicht beweisbar sind, wie zum Beispiel die Aussage: »Diese Behauptung hat keinen Beweis.« Ist dieses Diktum wahr, so kann es nicht bewiesen werden; ist es dagegen falsch, so besitzt es eben doch einen Beweis. Und das bedeutet, die Aussage ist wahr, da das System ja widerspruchsfrei sein soll. Im Detail ist der Beweis von Gödels Satz natürlich weitaus komplizierter.

Bis heute trösten sich Mathematiker über Gödels »Unvollständigkeitssatz« hinweg, indem sie behaupten, derlei logische Paradoxa träten nur sehr selten auf und schon gar nicht in gewöhnlicher Mathematik. Gödel, der auf eine Professur im amerikanischen Princeton berufen wurde und sich mit dem ebenfalls dort lehrenden Einstein angefreundet hatte, beschwerte sich darüber in einem Brief an seine Mutter. Er verstand nicht, warum Einsteins Arbeiten die Denkweise der Physiker umgestürzt hatten, seine aber nicht den gleichen Effekt auf die Mathematiker zeigten. In den sechziger Jahren wurde die Bedeutung des Gödelschen Unvollständigkeitssatzes eindringlich demonstriert: Paul Cohen bewies, daß die »Kontinuumshypothese«, die ebenfalls zu Hilberts 23 Problemen gehörte, weder beweis- noch widerlegbar war. Nach dieser Hypothese ist die Unendlichkeit der reellen Zahlen um genau einen Grad höher als die der natürlichen Zahlen. Der damals 29jährige Cohen von der Universität im kalifornischen Stanford flog sofort zu Gödel nach Princeton, um sein Ergebnis vom Meister absegnen zu lassen. Doch der litt damals bereits zunehmend an Verfolgungswahn. (Aus Angst vor Vergiftung hungerte er sich fast zu Tode.) Cohens Arbeit nahm er an sich und studierte sie zwei Tage lang. Dann erst empfing er den jungen Kollegen zum Tee.

Obwohl in den vergangenen Jahrzehnten immer wieder logische Inkonsistenzen aufgestöbert wurde, verhalten sich noch heute die meisten Forscher so, als gäbe es keine Grenzen der Logik, ihr Alltagsgeschäft ist davon in aller Regel nicht betroffen.

Wann ist ein Beweis ein Beweis?

In Beweisen ist es eigentlich nicht zulässig, sich auf intuitives Verständnis zu berufen, vielmehr sollen die Aussagen der Theoreme formal Schritt für Schritt aus den zugrundeliegenden Axiomen abgeleitet werden. Diese logische Strenge schlägt sich in zahlreichen Witzen nieder, etwa in dem von der Bahnreise: Ein Ingenieur, ein Physiker und ein Mathematiker fahren mit dem Zug durch Schottland. Als sie an einem schwarzen Schaf vorbeikommen, sagt der Ingenieur: »Oh, in Schottland sind die Schafe schwarz.« Der Physiker korrigiert ihn: »In Schottland gibt es mindestens ein schwarzes Schaf.« Dem Mathematiker ist auch diese Behauptung noch zu gewagt: »In Schottland gibt es mindestens ein Schaf, das von mindestens einer Seite schwarz ist.«

Kein Mathematiker kann indes auf die Anschauung verzichten, wenn es darum geht, neue Zusammenhänge aufzuspüren oder Ideen plausibel zu machen. Und selbst in strengen Beweisen kommen die Forscher nicht ganz ohne intuitive Einsicht aus. Außer bei sehr elementaren Aussagen sprengen rein formale Beweise jeden Rahmen: Sie sind viel zu lang und unüberschaubar. Mathematiker brauchen daher den Mut zur Lücke – allerdings nur zu solchen, die ihre Kollegen akzeptieren, denn letztlich ist ein mathematischer Beweis eine soziale Veranstaltung: Er gilt nur dann als korrekt, wenn die Fachwelt ihn nachvollziehen und sich von der Richtigkeit der jeweiligen Behauptung überzeugen kann.

Zuweilen sind die Beweise neuer Theoreme extrem komplex. Andrew Wiles' Arbeit über den Fermatschen Satz etwa füllt 130 Seiten. Führte man alle Details aus und zählte Vorarbeiten anderer Mathematiker mit, käme man gar auf den Umfang eines mehrbändigen Lexikons. Zu kontrollieren, ob jeder Beweisschritt korrekt ist, dauerte Jahre. Absurd wird das Ganze bei der Klassifikation der sogenannten endlichen Gruppen. Der Beweis dieses Theorems aus der Algebra ist die Gemeinschaftsarbeit von mehr als hundert Wissenschaftlern. Der einzige, der ihn angeblich in voller Länge verstanden hat, war Daniel Gorenstein von der amerikanischen Rutgers-Universität, und der starb 1992. Dennoch gilt das Theorem als verifiziert.

Lange Zeit umstritten waren hingegen Beweise, die auf Computerhilfe angewiesen sind. Berühmtestes Beispiel ist der Vierfarbensatz: 1852 kolorierte der englische Mathematiker Francis Guthrie eine Karte der Grafschaften des Königreichs. Dabei kam er auf die Frage, wie viele Farben mindestens nötig sind, um eine beliebige Landkarte einzufärben. Benachbarte Länder sollten natürlich verschiedenfarbig sein. Nach kurzer Überlegung vermutete Guthrie, daß vier Farben genügen. Am Beweis scheiterte er jedoch genauso wie seine Kollegen im Lauf der nächsten 124 Jahre. Die Lösung fanden Kenneth Appel und Wolfgang Haken von der Universität Chicago nach vier Jahren harter Arbeit und 1200 Stunden Rechenzeit auf ihrem Computer. Kein Mensch kann nachvollziehen, was ein Computer in über tausend Stunden rechnet. Ist der Vierfarbensatz also bewiesen?

Die Post von Illinois feierte die historische Tat jedenfalls mit einem Sonderstempel »four colors suffice« (vier Farben genügen) und stellte damit viele unbedarfte Briefempfänger vor ein Rätsel. Die Fachwelt hingegen redete sich die Köpfe heiß, ob ein Beweis, der auf elektronische Hilfe angewiesen sei, überhaupt gelte. Schließlich könne niemand überprüfen, ob der Computer das ausgeführt habe, was er sollte. Der theoretische Teil von Appel und Hakens Werk enthält mehr als 10 000 Einzelfälle, die außer den Autoren vermutlich nie jemand nachgerechnet hat, auch das Computerprogramm gilt als außerordentlich kompliziert. Überdies entdeckten Kollegen in den ersten Jahren nach der Veröffentlichung immer wieder Fehler, die die beiden Autoren aber jedesmal schnell korrigieren konnten. Vor wenigen Jahren ersonnen Mathematiker einen neuen, erheblich klareren Beweis des Vierfarbensatzes. Allerdings stützt sich dieser Ansatz ebenfalls auf die Hilfe eines elektronischen Rechenknechtes. Zwölf Stunden brauchte ein mittelgroßer Computer für die lästigen Detailrechnungen.

Inzwischen sind Computerbeweise weitgehend anerkannt, auch wenn bei vielen Mathematikern ein flaues Gefühl bleibt. Rechenanlagen haben seit dem Vierfarbensatz für einige andere Theoreme Beweise ermöglicht. Die Forscher minimieren dabei das Fehlerrisiko, indem sie die Rechnungen auf mehreren Anlagen mit unterschiedlichen Programmen durchführen. Direkt kontrollieren können menschliche Hirne die Arbeit der elektronischen jedoch nicht. Möglicherweise lassen sich bestimmte Aussagen mit Bleistift und Papier allein nicht verifizieren. Haken und Appel schrieben: »Wir glauben, daß es bedeutende mathematische Sätze gibt, die sich nicht anders als mit Hilfe des Computers beweisen lassen.« Bis heute ist allerdings nicht klar, ob es solche Theoreme gibt und, wenn ja, ob der Vierfarbensatz zu ihnen gehört.

Der Formalismus des 20. Jahrhunderts erlaubte die weitgehende Mechanisierung logischer Schlüsse und schuf damit die prinzipielle Möglichkeit, Computer Mathematik treiben zu lassen. Seit vierzig Jahren arbeiten Informatiker bereits am »automatischen Beweisen«. Im Jahr 1996 war es endlich soweit: Ein Rechner führte erstmals einen Beweis, an dem Mathematiker zuvor jahrelang gescheitert waren. In acht Stunden Rechenzeit löste das Programm EQP, das Bill McCune und Kollegen am Argonne National Laboratory bei Chicago geschrieben hatten, das sogenante Robbins-Problem aus der Algebra.

Anders als beim Vierfarbensatz können Mathematiker aus Fleisch und Blut den Beweis nachvollziehen, der nur einige Druckseiten füllt. Das ist allerdings sehr mühsam, da der Computer rein formal aus den Axiomen die gewünschte Aussage ableitet, ohne jede intuitiv einleuchtende Erklärung. Bernd Ingo Dahn von der Berliner Humboldt-Universität entwickelte daher ein eigenes Programm, das solche maschinell erzeugten Beweise in mathematische Aufsätze verwandelt, die von einem menschlichen Autor stammen könnten.

Ob Computer künftig Mathematiker arbeitslos machen, ist dennoch fraglich. Denn zumindest bisher haben die Automaten nur in speziellen Teilgebieten eine Chance, da sie auf eine detaillierte Formalisierung des Problems angewiesen sind, und die ist nur in wenigen Bereichen der Mathematik denkbar. Das Robbins-Problem etwa gleicht einem kombinatorischen Puzzle auf hohem Niveau. Der Rechner probierte sturheil alle Möglichkeiten durch, die zum Beweis hätten führen können, mit mathematischem Verständnis hat das nichts zu tun. Das Gros mathematischer Arbeiten wird daher auch in absehbarer Zukunft noch menschliche Logik ausbrüten. Eine anschließende maschinelle Kontrolle ist indes durchaus denkbar.

Der amerikanische Mathematiker John Milnor prophezeit, in zwei Generationen werde ein Beweis nur noch gelten, wenn ein Computer ihn geprüft habe. Und Milnor könnte recht behalten, denn wie die Vergangenheit zeigt, ändern sich im Lauf der Zeit die Vorstellungen, wann eine Aussage als bewiesen anzusehen ist.

Mathematik ist überall

Zwei Menschen in einem Ballon haben sich verflogen. Als sie jemanden am Boden entdecken, rufen sie hinunter: »Können Sie uns sagen, wo wir sind?« Der Mann auf der Erde setzt sich hin und denkt nach. Nach einer halben Stunde schreit er zurück: »In einem Ballonkorb.« Daraufhin sagt der eine Ballonfahrer zum anderen: »Das ist bestimmt ein Mathematiker.« »Wie kommst Du darauf?« fragt der zurück. »Erstens die Antwort hat lange gedauert, zweitens sie ist absolut korrekt, drittens man kann überhaupt nichts damit anfangen.«

Sind Mathematiker wirklich nur weltfremde Spinner? Mitnichten. Mathematik ist die Schlüsselwissenschaft schlechthin. Ohne sie gäbe es keine Computer, kein Fernsehen, keine Autos, keine Stromversorgung, keine Röntgengeräte. Hinter jeglicher Technik steckt Mathematik. Auch wenn sie im fertigen Produkt meist unsichtbar ist, mußte sie erstmal entwickelt und auf das jeweilige Problem angewandt werden. Aber wer denkt schon, wenn er ins Auto steigt, an die Gleichungen zur Steuerung von Motor und Katalysator? Und wer weiß überhaupt, daß im CD-Spieler handfeste Mathematik steckt? Der verirrte Ballonfahrer offensichtlich nicht. Im übrigen: Warum nimmt der Kerl nicht ein Gerät zur Satellitenortung mit, ein kleines Kästchen mit etwas Elektronik drin – und viel Mathematik.

Die Stärke der Königin der Wissenschaften ist gerade ihre Abstraktheit. Ob es um ein neues Wasserkraftwerk, leisere Flugzeuge, Babywindeln oder das Gießen von Metall geht, die auftretenden Gleichungen sind dieselben – denn immer fließt etwas. Und ob es sich dabei um Wasser, Luft, Urin oder flüssiges Metall handelt, kümmert Mathematiker wenig.

Ebenso sind für sie etwa Busfahrpläne, Müllabfuhr, die Organisation der Produktion in der Fabrik und das Design von Computerchips ähnlich: Jedesmal gilt es, Verbindungswege zu minimieren. Die Übertragbarkeit eines mathematischen Konzepts auf viele Sachverhalte ermöglicht es jeder Generation, auf dem Wissen ihrer Vorväter aufzubauen. So gehen etwa Radio, Fernsehen und Videorecorder letztlich auf die alten Griechen zurück: Schon in der Antike untersuchten Mathematiker schwingende Saiten. Eine Geigensaite zu zupfen heißt, sie zu verformen. Wird sie losgelassen, beschleunigt sie in Richtung der Ausgangsposition. Über diese schießt sie hinaus und verformt sich in die entgegengesetzte Richtung. So schwingt sie hin und her, bis die Reibung sie zum Stillstand abbremst. Wie sieht die Form der Saite zu einem bestimmten Zeitpunkt aus? 1748 kam der Schweizer Mathematiker Leonhard Euler auf die »Wellengleichung«, welche die Verformung einer Saite beschreibt. Sie war der Vorläufer für die sogenannten »Maxwell-Gleichungen«, die der Physiker James Clerk Maxwell (1831 bis 1879) mehr als ein Jahrhundert später austüftelte. Diese Formel erfaßt die Kraftlinien elektrischer und magnetischer Felder. Über sie gelangten Forscher zu der Einsicht, daß elektromagnetische Wellen sich mit Lichtgeschwindigkeit ausbreiten, und schließlich, daß Licht selbst als elektromagnetische Welle gedeutet werden kann.

Das Radio ohne diese geistige Vorarbeit zu erfinden, wäre ein zum Scheitern verurteiltes Projekt gewesen, niemand hätte gewußt, wo anzufangen wäre. Technischer Fortschritt gelangt immer vom Einfachen zum Komplizierten. Und die Erfahrungen zu übertragen, gelingt nur mit Hilfe der Mathematik. Was hat eine Geigensaite sonst schon mit einem Videorecorder gemein? Aber sind das nicht nur kleine Bruchstücke der Mathematik, auf die die Technik zurückgreift? Gibt es nicht auch eine sogenannte reine Mathematik, die mit der Realität nichts am Hut hat? Sicherlich arbeiten viele Forscher vor sich hin, ohne auf Anwendungen zu schielen. Aber auch die alten Griechen hatten bestimmt nicht das Fernsehen im Hinterkopf, als sie das Schwingen einer Saite untersuchten.

Zwar wird tatsächlich nur ein Teil dessen, was Mathematiker ausbrüten, jemals Anwendung finden, die spannende Frage aber ist, welche Theorien in der Zukunft praktische Bedeutung erlangen werden. Die Zunft hält es da mit dem Bonmot des dänischen Physikers Niels Bohr (1885 – 1962): »Vorhersagen sind schwierig – vor allem, wenn es um die Zukunft geht.« »Wie die Geschichte zeigt, sind viele ausschließlich anwendungsorientierte Entwicklungen zusammen mit ihrer Anwendung obsolet geworden, während Theorien, die aus rein mathematischen Gründen entwickelt wurden, unerwartet fruchtbare Anwendungen ermöglichten«, urteilt Gerd Faltings vom Bonner Max-Planck-Institut für Mathematik. Und sein britischer Kollege Ian Stewart fügt hinzu: »Gute Ideen sind selten, aber sie stammen mindestens ebensooft aus phantasiereichen Träumen über die innere Struktur der Mathematik wie aus Versuchen, spezifische praktische Probleme zu lösen.«

Scheinbar abgehobene Theorien fanden immer wieder Jahrzehnte später doch noch ihre Anwendung, zum Beispiel die Radon-Transformation durch die Computer-Tomographie, die Boolesche Algebra als Schaltlogik der Computer oder die komplexen Zahlen, die aus Physik und Elektrotechnik nicht mehr wegzudenken sind.

Ein anderes Beispiel ist die Zahlentheorie, die seit der Antike die Gelehrten faszinierte, obgleich ihre praktische Umsetzbarkeit allgemein ausgeschlossen wurde. Seit einigen Jahren hilft sie, elektronische Nachrichten sicher zu verschlüsseln. Aus scheinbar nutzloser Rechnerei mit furchtbar großen Zahlen entwickelte sich zum Erstaunen aller ein Millionengeschäft: Mit den Zahlenmonstern lassen sich elektronische Dokumente vor unbefugten Mitlesern schützen, das ist zum Beispiel nötig, um mit Kreditkarte im Internet einzukaufen.

Beispiel Kryptographie

Die Wissenschaft von der Verschlüsselung, die Kryptographie, war schon immer eine Domäne der Mathematiker. Cäsar benutzte angeblich einen Code, um sich mit seinen Feldherren zu verständigen, der jeden Buchstaben eines Textes durch den Buchstaben ersetzte, der im Alphabet drei Stellen danach kommt. Längere Texte kann der Feind bei dieser Methode mühelos entziffern, denn die Buchstaben tauchen unterschiedlich oft auf. Bei einem deutschen Text etwa repräsentiert der am häufigsten auftretende Buchstabe höchstwahrscheinlich das »e«. Ist er gefunden, läßt sich der nächsthäufige finden und nach und nach der ganze Text rekonstruieren. Mit Computerhilfe ist das bei längeren Texten in wenigen Sekunden erledigt.

Verschiebt man die Buchstaben im Alphabet aber nicht um eine konstante Strecke, sondern zufällig, ist der Code nicht mehr zu knacken. Allerdings benötigen Sender und Empfänger dazu die gleiche Folge von Zufallszahlen, die angeben, welchen Abstand die chiffrierten Buchstaben von denen der ursprünglichen Nachricht haben. Im Kalten Krieg benutzten Spione auf beiden Seiten ähnliche Verfahren, der sowjetische Geheimdienst setzte, wie das britische Wissenschaftsmagazin ›New Scientist‹ herausfand, dieselben Listen von Zufallszahlen mehrmals ein. Das habe nicht nur zur Erschießung des verantwortlichen Offiziers geführt, sondern auch zur Enttarnung der Agenten Klaus Fuchs und Julius und Ethel Rosenberg.

Die Deutschen vertrauten im Zweiten Weltkrieg voll und ganz auf eine Verschlüsselungsmaschine namens Enigma (griechisch für »Geheimnis«). Sie bestand aus einer Tastatur und drei rotierenden Walzen, deren Stellung bestimmte, wie ein eingegebener Buchstabe kodiert wurde. Durch einen Wechsel der Walzen und deren Stellung zueinander ließ sich die Maschine auf Millionen verschiedene Arten justieren.

Großbritannien rief einen Stab von Experten zusammen, um ihre Codes zu entschlüsseln, die Leitung des Unternehmens hatte der Mathematiker Alan Turing (1912 – 1954), der heute als der Gründer der theoretischen Informatik gilt. Die Briten bauten ebenfalls einen Walzenapparat, der die Chiffre der Deutschen zurückübersetzen sollte, und versuchten, die jeden Tag wechselnde Grundstellung der Enigma herauszukriegen. Dazu klopften sie den Text auf Schlüsselwörter ab, die sie in einer Übertragung vermuteten. Glaubten die Spezialisten etwa, der Beginn einer Nachricht enthalte den Wetterbericht, probierten sie aus, bei welcher Einstellung der Walzen sich Wörter wie Nebel oder Regen ergaben. So gelang es ihnen häufig, die Meldungen schnell zu entschlüsseln und dem Generalstab wertvolle Hinweise auf die feindlichen Aktivitäten zu geben. Das verschaffte den Alliierten einen enormen Vorteil, zumal die Deutschen glaubten, ihr Code sei nicht zu knacken.

Bei klassischen Chiffrierverfahren wie dem der Enigma kennen Absender und Adressat einer Nachricht beide den Schlüssel, mit dem ersterer den zu übermittelnden Text in Kauderwelsch verwandelt, letzterer den Zeichensalat in Sprache zurückübersetzt. Eine der wichtigsten modernen Methoden, das sogenannte RSA-Verfahren, das nach den Anfangsbuchstaben der Namen seiner Erfinder Ronald Rivest, Adi Shamir und Leonhard Adleman vom Massachusetts Institute of Technology (MIT) benannt ist, bleibt hingegen unsymmetrisch: Der Absender kann bei ihm mit seinem Schlüssel zwar die Nachricht verschlüsseln, eine bereits chiffrierte Botschaft wieder in Klartext verwandeln vermag er indes nicht. Dazu braucht es den zweiten Schlüssel, den nur der Empfänger besitzt. Bei diesem System kann daher zum Beispiel eine Bank einen Schlüssel öffentlich verteilen. Dann können die Kunden ihr chiffrierten Nachrichten elektronisch übermitteln, ohne daß jemand, der die Signale abhört, den Text entziffern könnte. Denn allein die Bank kennt den zweiten geheimen Schlüssel, der die Buchstabensuppe in brauchbare Information verwandelt. Das RSA-Verfahren basiert darauf, daß es zwar einfach ist, zwei große Primzahlen miteinander zu multiplizieren, aber schwierig, aus dem Produkt die Faktoren zurückzugewinnen. Auf einem Computer lassen sich zwei vierzigstellige Zahlen in Sekundenbruchteilen miteinander malnehmen. Eine geschickt gewählte achtzigstellige Zahl in ihre (unbekannten) Faktoren zu zerlegen, überfordert hingegen selbst den schnellsten Elektronenrechner. Der Absender verschlüsselt seine Nachricht mit dem Produkt. Zum Entschlüsseln muß der Empfänger aber die beiden Faktoren kennen.

Mit einem Risiko müssen die Anwender des RSA-Verfahrens allerdings leben: Es beruht darauf, daß die Mathematiker bis heute keine effiziente Methode erfunden haben, um große Zahlen in ihre Faktoren zu zerlegen. Sollte sich das eines Tages ändern, könnten plötzlich alle mit RSA kodierten Nachrichten von Unbefugten entziffert werden.

Mitschuld am Fluch der Technik

Da jede Technik auf sie angewiesen ist, ist die Mathematik auch schuld an allen negativen Erscheinungen, die mit der Technik einhergehen – Massenvernichtungswaffen, globale Verseuchung der Umwelt, die Gefahr eines Überwachungsstaates, die Reduzierung zwischenmenschlicher Beziehungen auf den gemeinsamen Fernsehabend oder Arbeitslosigkeit durch Automatisierung. Kritiker warnen zudem vor einer Mechanisierung des Denkens, die von der Allgegenwart des Computers herrühre. Die Technik zwänge uns ihre Ja-nein-Logik auf, die auf die Mathematik zurückgehe. Dabei sei das menschliche Leben ungleich facettenreicher.

Überdies durchdringt die Mathematik heute sämtliche Natur- und zunehmend auch die Geisteswissenschaften und prägt dadurch deren Vorgehensweise. Von daher könnte man sie mitverantwortlich machen für zweifelhafte Errungenschaften von der Atomphysik bis zur Gentechnik.

Wegen ihres hohen Abstraktionsgrades läßt sich in der Mathematik kaum absehen, wofür Resultate eingesetzt werden. Die Formeln sind davon unberührt, ob es um Waffensysteme oder Ziviles geht. Im Manhattan-Projekt etwa, bei der Entwicklung der Atombombe, dachten sich Mathematiker die Monte-Carlo-Methode aus, die heute in vielen Bereichen eingesetzt wird, beispielsweise bei der Berechnung der Wetterprognose oder bei Simulationen von Crashtests, mit denen die Autoindustrie ihre Fahrzeuge auf Sicherheit trimmt. Selbst die so unschuldig klingende Spieltheorie fand militärische Anwendung. Im Kalten Krieg ertüftelten Mathematiker mit ihr Strategien.

Die Forscher neigen zur Veranschaulichung ihrer Theorien zu harmlosen Varianten. Der sogenannte Heiratssatz etwa wurde nicht für Eheanbahnungsinstitute entwickelt, sondern für das Militär. Er handelt von der Zuordnung von Objekten: Eine Anzahl von Damen steht einigen Herren gegenüber. Jede Frau hat ein paar Freunde unter den Männern. Der Heiratssatz legt nun Kriterien dafür fest, wann jede Dame mit einem Herrn aus ihrem Freundeskreis so verheiratet werden kann, daß es aufgeht – also jede einen Ehemann hat und natürlich kein Herr zwei Ehen eingegangen ist. Ersetzt man die Damen durch Städte, die Herren durch Kampfbomber und »ist befreundet mit Herrn x« durch »ist erreichbar von Bomber x«, verliert der Heiratssatz seinen Charme.

Mathematik als Kultur

Mathematiker können kaum kontrollieren, wozu ihre Arbeiten einmal eingesetzt werden könnten. Die meisten interessieren sich dafür auch gar nicht. »Das Hauptziel ist nicht Anwendung, sondern die Schaffung von Kultur«, stellt Gerhard Frey vom Essener Institut für experimentelle Mathematik klar.

Mathematik fasziniert wegen ihrer radikalen Endgültigkeit. Was einmal als richtig erkannt wurde, gilt für immer. 2 mal 2 ist ein für allemal 4, und die Winkelsumme eines Dreiecks summiert sich zu 180 Grad, im Altertum wie im nächsten Jahrhundert. Welche andere Wissenschaft kann schon eine solche Kontinuität von sich behaupten? »An Archimedes wird man noch denken, wenn Aischylos längst vergessen ist, denn Sprachen sterben, mathematische Ideen jedoch nicht«, behauptete der englische Mathematiker Godfrey H. Hardy.

Neben dem Hauch von Ewigkeit verweisen reine Mathematiker auf den kreativen Akt des Schaffens. Neue Definitionen und Vermutungen zu entwickeln und – vor allem – Beweise zu finden, darum dreht sich ihre Welt. Dazu braucht es in erster Linie zündende Ideen, wie die Argumentation ungefähr verlaufen könnte. Zwar schreibt niemand nach einem Geistesblitz den Beweis einfach Zeile für Zeile druckfertig hin. Doch stimmt die Intuition, ist der Rest mehr oder weniger Routine. Herumtüfteln, bis der geniale Einfall kommt, das ist der Stoff, aus dem Mathematikerträume sind.

»Das ist gut so«, soll der Göttinger David Hilbert Anfang dieses Jahrhunderts einmal über einen seiner Schüler, der Schriftsteller wurde, gesagt haben. »Ich habe nie geglaubt, daß er genug Kreativität für einen Mathematiker mitbringt.«

Die Szene vergleicht ihr Fach gerne mit der Kunst. »Die Werke des Mathematikers müssen schön sein wie die des Malers oder Dichters«, schrieb der Brite Hardy. »Die Ideen müssen harmonieren wie die Farben oder Worte. Schönheit ist die erste Prüfung: Es gibt keinen Platz in der Welt für häßliche Mathematik.« Was Schönheit hier heißt, ist allerdings nicht eindeutig definiert und für den Uneingeweihten nur schwer nachzuvollziehen. Peter Baptist, der Didaktik der Mathematik an der Universität Bayreuth lehrt, behauptet zwar, auch

Nicht-Mathematiker könnten mathematische Ästhetik genießen, »so, wie man sich als künstlerischer bzw. musikalischer Laie an einem Gemälde van Goghs oder an einer Sinfonie Beethovens erfreuen kann«. Doch ist dafür die Investition von einigem Geistesschmalz notwendig.

Eine Ahnung von mathematischer Schönheit vermitteln der Euklidische Beweis der Unendlichkeit der Primzahlen oder der Tangram-Beweis des Satzes von Pythagoras oder folgende banale Rechenaufgabe: Bei einer Meisterschaft im K.-o.-System treten 32 Mannschaften an. Wie viele Spiele gibt es? Jetzt könnte man die Partien der einzelnen Runden zusammenzählen. Eleganter ist es indes zu argumentieren, jedes Team außer dem Turniersieger verliert genau einmal, also sind 31 Spiele zu absolvieren. Diese Überlegung löst die Aufgabe zugleich für Wettbewerbe mit anderer Teilnehmerzahl.

Wovon handelt Mathematik eigentlich?

Die Mehrheit der Fachwelt beruft sich auf den griechischen Philosophen Plato, dem zufolge Zahlen und andere mathematische Objekte himmlische Ideale sind, die außerhalb von Raum und Zeit in einem Reich von Ideen existieren. Dem Platonismus zufolge ist mathematische Wahrheit unabhängig von Menschen. Die Tatsache, daß es unendlich viele Primzahlen gibt, war zum Beispiel schon immer wahr und wird immer wahr bleiben. Euklid fand sie nur, ähnlich wie Kolumbus Amerika entdeckte. Die normale Vorstellung von reiner Mathematik ist, daß ihre Vertreter über eine direkte Pipeline zu Gottes Gedanken, zur absoluten Wahrheit, verfügen.

»Die meisten Mathematiker handeln und reden noch so, als ob sie mit Objekten hantierten, die zur Einrichtung ihres Universums gehörten«, sagt Verena Huber-Dyson von der Universität im kanadischen Calgary. »Ich mache es selbst genauso.« Denn es sei viel leichter, Mathematik zu treiben, als über sie zu philosophieren. Reuben Hersh von der Universität im amerikanischen Albuquerque findet für diese Denkfaulheit herbe Worte: »Ich vergleiche das mit einem Lachs, der flußaufwärts schwimmt. Er weiß, wie man stromaufwärts schwimmt, aber er weiß nicht, was er tut und warum.« Hersh argumentiert, Mathematik wohne weder irgendwo da draußen in einer Ideenwelt zu Hause noch in jemandes Kopf. Sie sei weder physischer noch geistiger Natur, sondern sozialer: »Sie ist Teil der Kultur, sie ist Teil der Geschichte, wie das Recht, die Religion, das Geld.« Sie existiere im kollektiven menschlichen Bewußtsein. Wissenschaftler entdeckten sie nicht, wie Platonisten behaupten, sondern erfänden sie.

Schon Albert Einstein meinte: »Die ganzen Zahlen sind offensichtlich eine Erfindung des menschlichen Geistes, ein selbstgeschaffenes Werkzeug, das es erleichtert, bestimmte sensorische Erfahrungen zu ordnen.« Stanislas Dehaene präzisiert die These: Da wir in einer Welt unterscheidbarer beweglicher Objekte lebten, brauchten wir Zahlen. »Sie in unserer Umgebung zu erkennen, kann uns helfen, Raubtiere aufzuspüren oder den besten Futterplatz auszuwählen«, erklärt der junge Mathematiker und Neuropsychologe, der am Pariser Institut National de la Santé forscht. »Das ist für uns so grundlegend wie die Ultraschallortung für Fledermäuse oder der Gesang für Singvögel.« Die ganzen Zahlen habe die Evolution in unserem Nervensystem fest verdrahtet und damit Mathematik in die Architektur unseres Gehirns eingraviert.

Als Beleg verweist Dehaene auf Hunderte von Versuchen, in denen Babys und sogar Tiere rudimentäre Rechenfähigkeiten zeigten. Säuglinge im Alter von fünf Monaten guckten irritiert, wenn vor ihren Augen zwei Mickymaus-Puppen hinter einen Schirm wanderten, aber nur noch eine da war, als der Schirm beiseite gezogen wurde. Ging es um Süßes, bewiesen Schimpansen erstaunliches Rechengeschick: Lagen auf einem Tablett zwei Haufen, einer mit drei, einer mit vier Schokoladenstückchen, auf einem anderen Tablett ein Haufen aus zwei und einer aus drei Stückchen, wählten die Tiere zielstrebig das Tablett mit den sieben Leckerlis. Sie wußten anscheinend, daß 3 plus 4 größer ist als 2 plus 3. Auch Rhesusaffen und Tamarins bewiesen in ähnlichen Experimenten – mit Auberginen statt Sweets – ihr Talent. Sogar Ratten beherrschen einfache Kalkulationen: Wissenschaftler brachten ihnen bei, Hebel A mit zwei Tönen oder Lichtblitzen zu verbinden, Hebel B mit vier. Als die Nagetiere zwei Töne hörten und zwei Blitze sahen, drückten sie B.

In Untersuchungen von Hirnverletzten, die grundlegende mathematische Fähigkeiten verloren hatten, konnten Dehaene und andere Wissenschaftler die Rechenmaschine in unserem Kopf lokalisieren. Sie sitzt in einem Teil der Hirnrinde, dem sogenannten unteren parietalen Kortex, in der visuelle, audielle und taktile Signale zusammentreffen. Wahrscheinlich ist diese – bisher nur wenig ergründete – Region zudem für Sprachverarbeitung und das Unterscheiden von links und rechts zuständig. Versuche mit gesunden Probanden, deren Gehirndurchblutung beim Kopfrechnen gemessen wurde, wiesen auf denselben Teil des Kortex als Zahlenverarbeiter. Zahlen sind demnach keine platonischen Ideale, sondern neurologische Schöpfungen, Methoden, mit denen das Gehirn die Welt erfaßt. Dehaene vergleicht sie mit Farben. Auch die gebe es nicht außerhalb unseres Kopfes. Bananen etwa erschienen uns gelb, auch wenn sich die Wellenlängen, die sie reflektierten, bei unterschiedlicher Beleuchtung komplett änderten. In allem, was über einfache Kalkulation hinausgeht, wie Multiplikation, Trigonometrie oder Differentialrechnung, sieht der Kognitionswissenschaftler das Werk der menschlichen Kultur. In der Sprache schöpften wir mit relativ wenig Worten ein bißchen Grammatik und Syntax Literatur und Poesie. In ähnlicher Weise webten wir aus einfachen Ideen die gesamte Mathematik.

George Lakoff und Rafael Nunez von der Universität im kalifornischen Berkeley gehen ein Stück weiter. »Wir haben nicht nur mathematische Hirne, sondern auch mathematische Körper«, behauptet Lakoff. Erster Beleg: unser Dezimalsystem. Mit ihren zehn Fingern spielend hätten unsere Vorfahren die Zahlen erkundet. Dann hätten sie bemerkt, daß sich durch Zählen der Schritte Abstände messen lassen. Dabei seien sie vermutlich auf abstraktere Konzepte gestoßen: In die eine Richtung laufen bedeutet positive Zahlen, in die andere negative. Geht man senkrecht dazu, entsteht die zweite Achse dessen, was wir heute ein kartesisches Koordinatensystem nennen. So baute sich Stock für Stock der Turm der Mathematik auf. Zahlreichen mathematischen Konzepten sind Lakoff und Nunez auf den Grund gegangen, darunter Logarithmen, Trigonometrie, komplexen Zahlen, Fraktalen. Ihr Fazit: Reine Gedanken gibt es nicht, alles basiert auf physischer Handlung – Beispiel Mengenlehre: Ob die Elemente einer Menge oder die Stühle in einem Raum, die Vorstellung dazu in unserem Kopf ist dieselbe.

Ehrhard Behrends von der Freien Universität Berlin glaubt hingegen, die Erfahrung decke nur ein winziges Spektrum der Mathematik ab. Der Unendlichkeit etwa, einem der fundamentalsten Begriffe, stehe in der Wirklichkeit nichts gegenüber. »In den Naturwissenschaften haben uns gerade Abstraktionen, die von Erfahrungen wegführen, weitergebracht«, sagt der Mathematikprofessor. Das Newtonsche Trägheitsgesetz, nach dem ein einmal in Bewegung gesetzter Körper ewig weiterfliegt, passe ebensowenig zu unserer Alltagswelt wie das berühmte Kilogramm Federn, das genauso schnell fällt wie ein Kilogramm Blei, oder das absolute Tempolimit der Lichtgeschwindigkeit.

Newtons Gleichungen, Relativitätstheorie und Quantenmechanik bieten keinen direkten Überlebensvorteil. Letztere haben sogar mit unserer Erfahrung nicht das Geringste gemein – weshalb es so schwerfällt, sie zu begreifen. Warum sollte uns die Evolution darauf getrimmt haben, die dahintersteckende Mathematik auszuklügeln? Auf diese Frage geben auch die neuen Ansätze keine befriedigende Antwort. Dennoch: Die Formeln könnten sehr wohl menschengemacht sein und nicht gottgegeben. Denn sie erfassen das Universum nur so weit, wie wir das mit Beobachtungen und Experimenten überprüfen können. Sie geben keine objektive Wahrheit wieder, sondern eine auf menschliche Fähigkeiten bezogene. Möglicherweise formulieren Außerirdische ganz andere Naturgesetze.

Platonisten sind sich sicher: Jede intelligente Spezies entwickelt zwangsläufig die gleiche Mathematik wie wir, denn sie muß aus derselben Ideenwelt schöpfen, die unabhängig vom Menschen existiert. Ein Kontakt mit Aliens könnte daher den Streit um den Platonismus eines Tages entscheiden: Treiben die Wesen auf fernen Planeten eine andere Mathematik, wäre der Platonismus widerlegt. Kennen sie Arithmetik, Differentialrechnung und Mengenlehre, muß das gleichwohl noch nichts heißen. Denn leben sie in einer ähnlichen Umgebung wie wir, könnte die natürliche Selektion ihrem Denkorgan dieselben Fähigkeiten eingebrannt haben. Hätten sie sich aber etwa in einer flüssigen Welt entwickelt, läge ihnen Dehaene zufolge das Wissen über Strömungen und Strudel näher: »In diesem Fall unterschiede sich ihre Mathematik radikal von der unseren.«

Das Wunder

»Die Philosophie steht in diesem großen Buch geschrieben, dem Universum, das unserem Blick ständig offenliegt«, schrieb schon Galileo Galilei. »Aber das Buch ist nicht zu verstehen, wenn man nicht zuvor die Sprache erlernt und sich mit den Buchstaben vertraut gemacht hat, in denen es geschrieben ist. Es ist in der Sprache der Mathematik geschrieben, und deren Buchstaben sind Kreise, Dreiecke und andere geometrische Figuren, ohne die es dem Menschen unmöglich ist, ein einziges Wort davon zu verstehen; ohne diese irrt man in einem dunklen Labyrinth umher.«

Dem widerspricht bis heute kein Naturwissenschaftler. Ob Newtons Physik, Quantenmechanik oder Relativitätstheorie, alles beruht auf Formeln. Doch warum gehorcht die Welt mathematischen Gesetzen? Diese Frage scheint zu den unergründlichen Geheimnissen zu zählen. Bereits 1960 schrieb der amerikanische Mathematiker und Physiker Eugene Wigner: »Das Wunder, daß sich die Sprache der Mathematik für die Formulierung der physikalischen Gesetze eignet, ist ein herrliches Geschenk, das wir weder verstehen noch verdienen.« Bis heute hat sich daran wenig geändert.

Glossar

Algebra
Ursprünglich die Lehre von den Gleichungen und ihrer Auflösung. Heute allgemeiner der Teil der Mathematik, der sich mit Verknüpfungen definierter mathematischer Objekte befaßt. Grundaufgabe der Algebra ist das Lösen sogenannter algebraischer Gleichungen: $a_n \cdot x^n + a_{n-1} \cdot x^{n-1} + \ldots + a_1 \cdot x + a_0 = 0$, wobei $a_0, \ldots, a_n$ fest gewählte reelle oder komplexe Zahlen sind und x die Unbekannte. Nach dem Fundamentalsatz der Algebra besitzt jede algebraische Gleichung mindestens eine Lösung in den komplexen Zahlen.

Beweis
Das A und O mathematischer Forschung, denn neue Theoreme gelten in der Fachwelt nur, wenn sie nach den Regeln der Logik exakt bewiesen wurden. In Beweisen folgern Mathematiker Schritt für Schritt aus vorgegebenen Grundannahmen und bereits bewiesenen Theoremen neue allgemeingültige Aussagen.

Dezimalsystem
Unser gebräuchliches Zahlensystem mit den zehn Ziffern 0, 1, 2, 3, 4, 5, 6, 7, 8 und 9.

Differentialrechnung
Dieses wichtige mathematische Teilgebiet befaßt sich mit Änderungsraten. Wird eine Kurve differenziert, erhält man die Steigung in jedem ihrer Punkte. Sei f eine Funktion, also eine Zuordnung von Zahlen, so daß f(x) für jede reelle (oder komplexe) Zahl x wieder eine reelle (oder komplexe) Zahl ist. Dann ergibt der Grenzwert von (f(x+h)–f(x)) geteilt durch h, wenn h gegen 0 geht, die Steigung des Graphen von f im Punkt (x,f(x)).

Dualsystem
Zahlensystem, das nur die Ziffern 0 und 1 kennt. Computer verarbeiten Zahlen im Dualsystem.

Euklidische Geometrie
Die euklidische Geometrie ist die Schulgeometrie. Sie behandelt etwa Geraden, Ebenen und Kreise. Euklid formulierte im Altertum fünf Grundannahmen, sogenannte Axiome, auf denen sie aufbaut. Ohne das 5. Axiom, das »Parallelaxiom«, lassen sich zwei »nichteuklidische Geometrien« definieren.

Fakultät
Das Produkt aller natürlicher Zahlen kleiner oder gleich einer vorgegebenen Zahl. Abgekürzt wird die Fakultät mit !. Beispiel:
$5! = 5 \cdot 4 \cdot 3 \cdot 2 \cdot 1 = 120$.

Fermats Theorem
Aussage aus der Zahlentheorie über die Lösbarkeit bestimmter Gleichungen, die erst 1994 nach mehr als drei Jahrhunderten intensiver Bemühungen bewiesen wurde. Das Theorem besagt, daß die Gleichung $x^n + y^n = z^n$ für $n \geq 3$ keine Lösungen in den postitiven ganzen Zahlen hat.

Funktion
Funktionen sind Zuordnungen von Zahlen. Die Funktion $f(x) = x^2$ zum Beispiel ordnet jeder Zahl ihr Quadrat zu.

Fraktale
Geometrische Gebilde, die keine geraden Linien haben, sondern sich bis ins Unendliche in kleine bizarre Formen verschlingen. Dabei sind sie sich selbst ähnlich: In jedem Größenmaßstab tauchen immer wieder dieselben Strukturen auf.

Geometrie
Mathematisches Teilgebiet, das Linien, Flächen und Körper behandelt und deren Größe, Form und Lage untersucht. Die Geometrie ist die Mathematik des Raumes.

Graph
Graph einer Funktion f heißt die Menge aller Punkte (x,f(x)), wenn x alle zulässigen Werte durchläuft. Der Graph der Funktion $f(x)=x^2$ etwa ist die Parabel.

Grenzwert
Eine Folge von unendlich vielen Zahlen a_1, a_2, a_3,... konvergiert gegen einen Grenzwert g, wenn die Zahlen sich immer näher an g anschmiegen, wenn also der Abstand zwischen g und a_n für ein genügend großes n beliebig klein wird. Beispiel: Die Zahlenfolge 1, 1/2, 1/3, 1/4, 1/5 ... konvergiert gegen der Grenzwert 0, da ihre Glieder positiv sind und immer kleiner werden.

Grundrechenarten
Die vier Grundrechenarten sind Addition, Subtraktion, Multiplikation und Division.

Imaginäre Einheit
Die Quadratwurzel aus –1. Da das Quadrat jeder reellen Zahl nicht negativ ist, gehört die imaginäre Einheit, in Zeichen i, nicht zu den reellen Zahlen. Auf ihr bauen sich die komplexen Zahlen auf.

Integralrechnung
Gegenstück zur Differentialrechnung: Das Integral über die Ableitung einer Funktion ergibt die Funktion selbst. Das Integral einer Funktion bestimmt die Fläche zwischen ihrem Graphen und der x-Achse. Berechnen läßt es sich über eine Annäherung des Flächenstücks durch eine Reihe immer schmaler werdender Rechtecke.

Komplexe Zahlen
Erweiterung der reellen Zahlen. Um Gleichungen wie $x^2 = -1$ lösen zu können, werden neue Zahlen um die imaginäre Einheit i konstruiert, deren Quadrat negativ sein kann.

Koordinaten
Größen, welche die Lage von Punkten im Raum (oder in der Ebene) beschreiben. Mit Hilfe von Koordinaten können geometrische Probleme auf Zahlen zurückgeführt und mit Berechnungen gelöst werden. Umgekehrt lassen sich so Aufgaben mit Zahlen zuweilen anschaulicher darstellen. In der Ebene werden die Koordinaten meist mit (x,y) bezeichnet. Dabei gibt x an, wie weit ein Punkt seitlich vom Nullpunkt liegt, y, wie weit er über oder unter dem Nullpunkt liegt. Der Punkt (2,3) etwa ist zwei Einheiten rechts vom Nullpunkt und drei Einheiten über ihm. Meist werden Koordinatensysteme mit Achsen dargestellt. Die x-Achse liegt dabei horizontal, die y-Achse vertikal. Im dreidimensionalen Raum kommt eine dritte Achse, die z-Achse, hinzu, die auf den beiden anderen Achsen senkrecht steht. Die Koordinaten eines Punktes im Raum bilden daher drei Zahlen (x, y, z).

Kreis
Geschlossene Linie in der Ebene, die aus allen Punkten besteht, die zu einem festen Punkt, dem Mittelpunkt des Kreises, gleichen Abstand haben. Die Fläche eines Kreises mit Radius r beträgt $r^2 \cdot \pi$, der Umfang $2 \cdot r \cdot \pi$.

Menge
Grundbegriff der Mathematik. Eine Menge ist die Zusammenfassung beliebiger Dinge (ihrer »Elemente«) zu einem Ganzen, etwa die Menge der Buchstaben auf dieser Seite, die Menge der Zahlen 1, 2, 3 und 4 oder die (unendliche) Menge der ganzen Zahlen.

Natürliche Zahlen
Die positiven ganzen Zahlen: 1, 2, 3, 4, ...

Pi/π
Bezeichnung für das bei allen Kreisen gleiche Verhältnis des Kreisumfangs zum Durchmesser. Pi oder π ist ein unendlicher Dezimalbruch ohne regelmäßig wiederkehrende Zahlenfolgen: 3,1415926...

Potenz
Bezeichnung für ein Produkt gleicher Faktoren, die dritte Potenz von 2 ist zum Beispiel $2^3 = 2 \cdot 2 \cdot 2$.

Primzahlen
Ganze Zahlen, die größer als 1 sind und die sich ohne Rest nur durch sich selbst und 1 teilen lassen.

Rationale Zahlen
Rationale Zahlen bestehen aus den ganzen Zahlen und den Brüchen ganzer Zahlen.

Reelle Zahlen
Reelle Zahlen bilden sich aus den rationalen Zahlen und den Wurzeln positiver rationaler Zahlen.

Steigung
Die Steigung einer Geraden gibt an, wie steil diese in einem Koordinatensystem liegt. Sie ist definiert als das Verhältnis der Höhendifferenz zweier auf ihr liegender Punkte zum in der Horizontalen gemessenen Abstand.
Die Steigung einer Kurve in einem Punkt ist die Steigung ihrer Tangente in diesem Punkt.

Wahrscheinlichkeitstheorie
Mathematisches Teilgebiet, das sich mit dem Zufall befaßt. Die Wahrscheinlichkeit eines (zufälligen) Ereignisses ist eine Zahl zwischen 0 und 1, die angibt, wie häufig das Ereignis auftritt.

Wurzel
Die n-te Wurzel einer Zahl a ist die Zahl b, deren n-te Potenz a ergibt, in Zeichen $a^n = b$ (n steht dabei für eine positive ganze Zahl).

Zahlentheorie
Mathematisches Teilgebiet, das sich mit den natürlichen Zahlen, insbesondere deren Teilbarkeit, befaßt.

Weitere Literatur

Als Einführung in die Denk- und Lebenswelt der Mathematiker eignet sich

Beutelspacher, Albrecht: In Mathe war ich immer schlecht, Vieweg, Braunschweig/Wiesbaden 1996.

Dem Gießener Mathematikprofessor Beutelspacher gelingt es, dem Leser einiges über die Herangehensweise in seinem Fach zu vermitteln, ohne ihn mit komplizierten Formeln oder ausgetüftelten Argumentationen zu überfordern.

Ein ähnliches Konzept, doch ungleich anspruchsvoller verfolgt der Klassiker

Davis, Philip J./Hersh, Reuben: Erfahrung Mathematik, Birkhäuser, Basel 1993.

Das Buch wendet sich an mathematisch Vorgebildete, die über das Fach reflektieren wollen.

Zahlreiche Werke stellen ausgewählte mathematische Theorien populärwissenschaftlich und gewürzt mit historischen Anekdoten dar. Empfehlenswert sind

Basieux, Pierre: Abenteuer Mathematik, rororo, Reinbek 1998

Devlin, Keith: Sternstunden der modernen Mathematik, dtv, München 1992

Dunham, William: Mathematik von A bis Z, Birkhäuser, Basel 1996

Jacobs, Konrad: Resultate I und II, Vieweg, Braunschweig/Wiesbaden 1987 und 1990.

Alle vier verlangen dem Leser an der einen oder anderen Stelle einiges an Mitdenken ab.

Eine historische Einführung bietet
Olivastro, Dominic: Das chinesische Dreieck, Zweitausendeins, Frankfurt 1995.
Der Untertitel kündigt »Die kniffligsten mathematischen Rätsel aus 10 000 Jahren« an. Ein Versprechen, das eingehalten wird. Auch wenn das Buch etwas verwirrend aufgebaut ist, lohnt sich die Lektüre für historisch Interessierte.

Die Mathematik als Sprache zur Beschreibung der Natur behandelt
Stewart, Ian: Die Zahlen der Natur, Spektrum Akademischer Verlag, Heidelberg/Berlin 1998.
Das anregend geschriebene Buch des britischen Mathematikprofessors blickt über die Grenzen des Faches und kommt ganz ohne Formeln aus.

Graphisch hervorragend aufgemacht ist
Conway, John H./Guy, Richard K.: Zahlenzauber, Birkhäuser, Basel 1997.
Das Werk lädt zu einer Reise zu allen bekannten Zahlenstämmen ein, von den natürlichen bis zu den hyperkomplexen Zahlen.

Singh, Simon: Fermats letzter Satz, Hanser Verlag, München Wien 1998
erzählt die Geschichte des berühmtesten mathematischen Rätsels, von den Wurzeln in der Antike bis zum epochalen Beweis von Andrew Wiles. Im Laufe der Lektüre entsteht ein farbiges Bild von der Person des Helden, der nach mehr als 350 Jahren endlich die Nuß knackte.

Register

Ableitung 59
Adleman, Leonhard 109
Ägypten 19
Ahmes 19
d'Alembert, Jean le Rond 72
Algebra 34
Andersen, Hans Christian 36
Änderungsrate 58 f.
Appel, Kenneth 102
Archimedes von Syrakus 30, 38, 40
Axelrod, Robert 91
Axiom 42

Babylonien 19
Baptist, Peter 112
Beck-Bornholdt, Hans-Peter 83
Behrends, Ehrhard 116
Bernoulli, Jakob 73
Beschleunigung 56
Binäres System 21
Bohr, Niels 107
Braess, Dietrich 88
Brams, Steven 94
Buffon, Georges-Louis Leclerc de 78

Cantor, Georg 69
Cäsar, Julius 108
Celsus 31
China 18
Cohen, Paul 100
Cole, Frank Nelson 25

Dahn, Bernd Ingo 104
Dehaene, Stanislas 114, 117
Dezimalsystem 21
Differentialrechnung 55–62
Dimension 49
Diophant von Alexandria 9
Disraeli, Benjamin 82
Dostojewski, Fjodor 72
Drei-Körper-Problem 62
Dreiteilung des Winkels 41
Dualsystem 21
Dubben, Hans-Hermann 83
Dunham, William 23

Einstein, Albert 36, 41, 114
Element 95
Elkies, Naom 13
Enigma 108
Erdös, Paul 23
Euklid 22, 27 f., 36, 41
Euler, Leonhard 11, 13, 106
Exponent 11

Fakultät 87
Faltings, Gerd 12, 107
Fatou, Pierre 53
Fermat, Pierre de 9 f.
Fermatsches Theorem 9–16
Fibonacci 31
Fibonacci-Zahlen 32
Frege, Gottlob 97 f.
Frey, Gerhard 13, 112
Fundamentalsatz der Algebra 34
Funktion 58 f.

Galilei, Galileo 56, 117
Garfield, James Abraham 36
Gauß, Carl Friedrich 32 f., 74
Gaußsche Glockenkurve 74
Gaußsche Zahlenebene 34
Gefangenendilemma 90
Geometrie 35–55
Geometrie, euklidische 43
Geometrie, fraktale 43
Geometrie, nicht-euklidische 42
Geschwindigkeit 56
Gesetz der großen Zahlen 73
Gleichung 27
Gödel, Kurt 99 f.
Goldbach, Christian 26
Goldbachsche Vermutung 26
Goldene Zahl 32
Goldener Schnitt 32
Gorenstein, Daniel 102
Grenzwertsatz, zentraler 74
Griechen 35
Guthrie, Francis 102

Haken, Wolfgang 102
Hammurabi 19
Hardy, Godfrey H. 23, 112
Hauptsatz der Zahlentheorie 22
Heiratssatz 111
Hermite, Charles 94
Hersh, Reuben 114
Hilbert, David 64 f., 69, 99, 112
Hilberts Hotel 64 f.
Hippasus 29
Huber-Dyson, Verena 113
Huygens, Christiaan 66

Imaginäre Einheit 33
Integration 59 f.
Ishango 17

Julia, Gaston 53
Julia-Menge 50 f., 53

Katz, Nicholas 15
Kolmogorow, Andrej Nikolajewitsch 74
Komplexitätstheorie 80
Kontinuumshypothese 100
Kreis 38
Kreis, Quadratur des 41
Kryptographie 108

Lakoff, George 116
Lazzerini 78 f.
Leibniz, Gottfried 61, 66, 74
Leonardo da Vinci 36
Leonardo von Pisa 31
Lucas, Edouard 25

Mandelbrot, Benoit 43, 48, 53
Mandelbrot-Menge 51 ff.
Maxwell, James Clerk 106
McCune, Bill 103
Mehrfach-Verkleinerungs-Kopier-Maschine 45–48
Menge, leer 96
Mengenlehre 95–99
Mersenne, Marin 25
Mersennezahlen 25
Milnor, John 104
Monte-Carlo-Methoden 78 f.

Neumann, John von 80, 90
Newton, Isaac 55, 61 f.
Nunez, Rafael 116

Optimierung 84–94

Parallele 42
Peitgen, Heinz-Otto 48, 54
Pi/π 38 ff.

Plato 113
Plinius der Ältere 31
Poincaré, Henri 69
Potenz 10
Primzahl 18, 22, 24
Primzahlzwillinge 25 f.
Problem des Handlungsreisenden 87
Ptolemäus 30
Pythagoras 22, 29, 36 f.
Pythagoras, Satz des 10, 35 ff.,

Quadratur des Kreises 41
Quadratwurzel 27

Reihe 67
Renaissance 30
Rhind-Papyrus 19
Riemann, Bernhard 26
Riemannsche Vermutung 26
Rivest, Ronald 109
Römer 30
RSA-Verfahren 109
Russell, Bertrand 95–98

Schneeflockenkurve 44 f.
Schopenhauer, Arthur 36
Selbstähnlichkeit 43
Seneca 30
Shamir, Adi 109
Sierpinski, Waclaw 46
Simplex-Methode 86
Sosigenes aus Alexandria 30
Spieltheorie 90–94
Stahl, William 31
Statistik 81–84
Steffen, Klaus 54
Steigung 58 ff.
Stewart, Ian 107

Tangente 60
Taniyama-Shimura-Vermutung 14
Taylor, Alan 94
Taylor, Richard 15
Tit-for-tat 91 f.
Turing, Alan 109

Unbekannte 19
Unendlichkeit 62–69
Unvollständigkeitssatz 100

Variable 63
Vierfarbensatz 102

Wahrscheinlichkeitstheorie 70–84
Wantzel, Pierre Laurent 40
Whitehead, Alfred North 95
Widerspruchsbeweis 22
Wigner, Eugene 118
Wiles, Andrew 9, 13–16, 101
Winkel, Dreiteilung 41
Wolfskehl, Paul 11
Wurzel 29

Zahl 18–35, 114 f.
Zahl, ganze 27
Zahl, komplexe 32
Zahl, natürliche 22
Zahl, negative 27
Zahl, rationale 27 f.
Zahl, reelle 29
Zahlentheorie 22
Zenon von Elea 65
Zhihong Xia 62
Zufallszahlen 77–81

Naturwissenschaftliche Einführungen im dtv

Herausgegeben von Olaf Benzinger

Das Innerste der Dinge
Einführung in die Atomphysik
Von Brigitte Röthlein
dtv 33032

Der blaue Planet
Einführung in die Ökologie
Von Josef H. Reichholf
dtv 33033

Das Chaos und seine Ordnung
Einführung in komplexe Systeme
Von Stefan Greschik
dtv 33034

Der Klang der Superstrings
Einführung in die Natur der Elementarteilchen
Von Frank Grotelüschen
dtv 33035

Das Molekül des Lebens
Einführung in die Genetik
Von Claudia Eberhard-Metzger
dtv 33036

Die Grammatik der Logik
Einführung in die Mathematik
Von Wolfgang Blum
dtv 33037

Schrödingers Katze
Einführung in die Quantenphysik
Von Brigitte Röthlein
dtv 33038
(April 1999)

Von Nautilus und Sapiens
Einführung in die Evolutionstheorie
Von Monika Offenberger
dtv 33039
(April 1999)

Auf der Spur der Elemente
Einführung in die Chemie
Von Uta Bilow
dtv 33040
(April 1999)

$e = mc^2$
Einführung in die Relativitätstheorie
Von Thomas Bührke
(In Vorb.)

Vom Wissen und Fühlen
Einführung in die Erforschung des Gehirns
Von Jeanne Rubner
(In Vorb.)

Schwarze Löcher und Kometen
Einführung in die Astronomie
Von Helmut Hornung
(In Vorb.)

Naturwissenschaft im dtv

Stephen Hart
Von der Sprache der Tiere
dtv 33012

Gerald Hühner
»Zwei mal zwei ist vier?«
Mutmaßungen über Selbstverständliches
dtv 33004

Lawrence M. Krauss
»Nehmen wir an, die Kuh ist eine Kugel...«
Nur keine Angst vor Physik · dtv 33024

Philip Johnson-Laird
Der Computer im Kopf
Formen und Verfahren der Erkenntnis · dtv 30499

Josef H. Reichholf
Das Rätsel der Menschwerdung
Die Entstehung des Menschen im Wechselspiel mit der Natur · dtv 33006

Paul Scheipers
Menschen, Mars und Moleküle
Ein naturwissenschaftliches Kaleidoskop
dtv 33023

Ian Stewart
Die Reise nach Pentagonien
16 mathematische Kurzgeschichten · dtv 33014

Frederic Vester
Denken, Lernen, Vergessen
Was geht in unserem Kopf vor? · dtv 33045
Neuland des Denkens
Vom technokratischen zum kybernetischen Zeitalter · dtv 33001

Was treibt die Zeit?
Entwicklung und Herrschaft der Zeit in Wissenschaft, Technik und Religion
Hrsg. von Kurt Weis
dtv 33021

What's what?
Naturwissenschaftliche Plaudereien
Hrsg. von Don Glass
dtv 33025

Das neue What's what
Naturwissenschaftliche Plaudereien
Hrsg. von Don Glass
dtv 33010

Berthold Wiedersich
Das Wetter
Entstehung, Entwicklung, Vorhersage · dtv 30552

Fred Alan Wolf
Die Physik der Träume
Von den Traumpfaden der Aboriginies bis ins Herz der Materie · dtv 33005

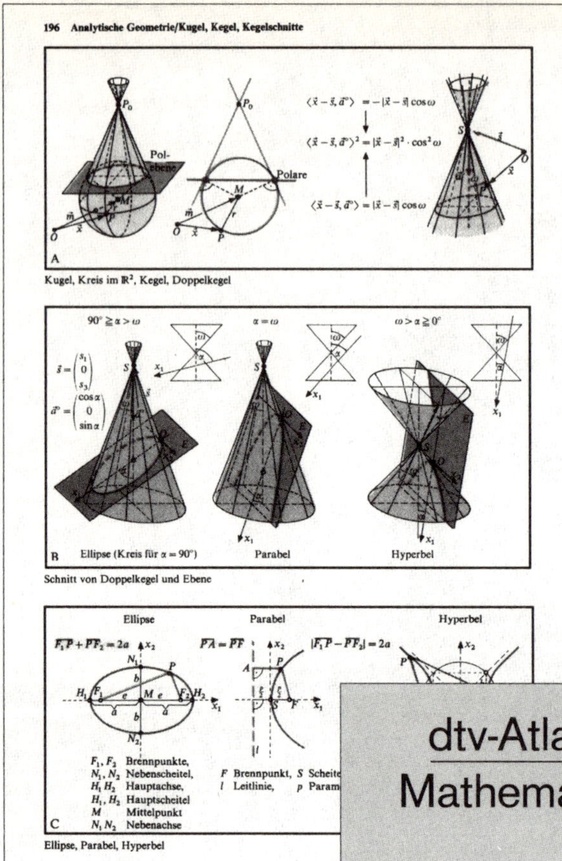

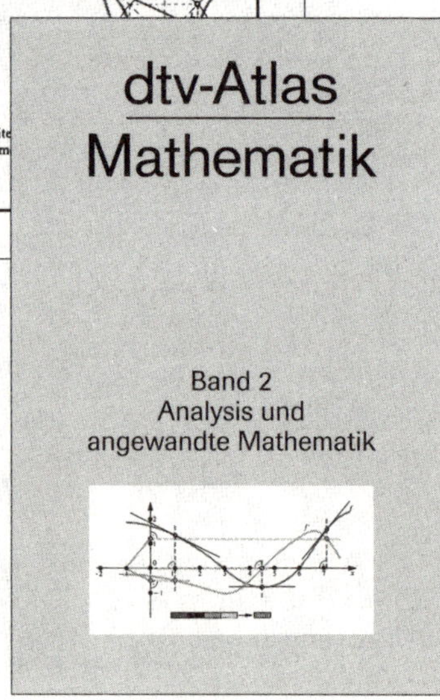

dtv-Atlas Mathematik
von F. Reinhardt und
H. Soeder
Band 1: Grundlagen.
Algebra und Geometrie
Band 2: Analysis und
angewandte Mathematik
222 Farbseiten von
Gerd Falk
Originalausgabe
dtv 3007/3008

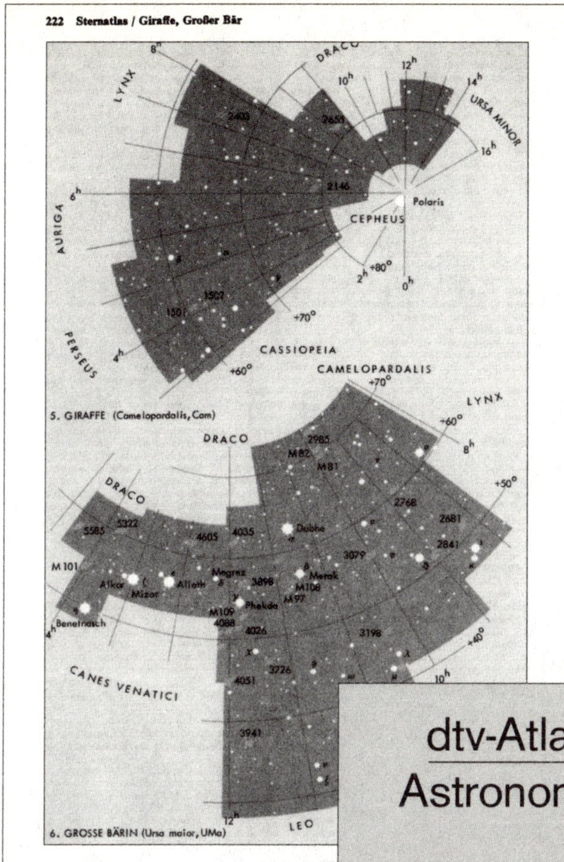
222 Sternatlas / Giraffe, Großer Bär
DRACO
LYNX
URSA MINOR
Polaris
CEPHEUS
AURIGA
PERSEUS
CASSIOPEIA
CAMELOPARDALIS
5. GIRAFFE (Camelopardalis, Cam)
DRACO
LYNX
Dubhe
Merak
Megrez
Alioth
Mizar
Alkor
Phekda
Benetnasch
M 101
M 81
M 82
M 97
M 108
M 109
CANES VENATICI
LEO
6. GROSSE BÄRIN (Ursa maior, UMa)

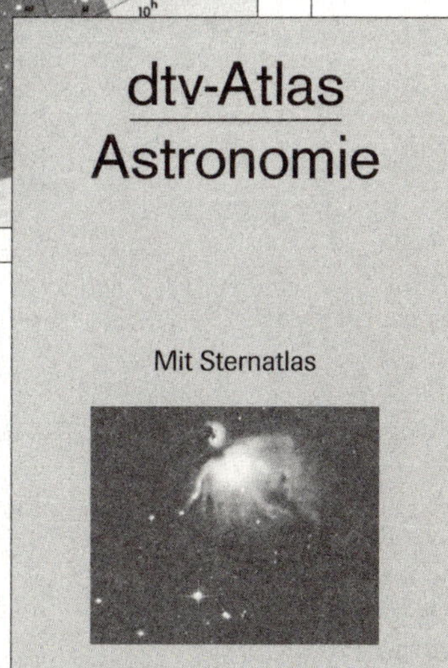
dtv-Atlas
Astronomie
Mit Sternatlas

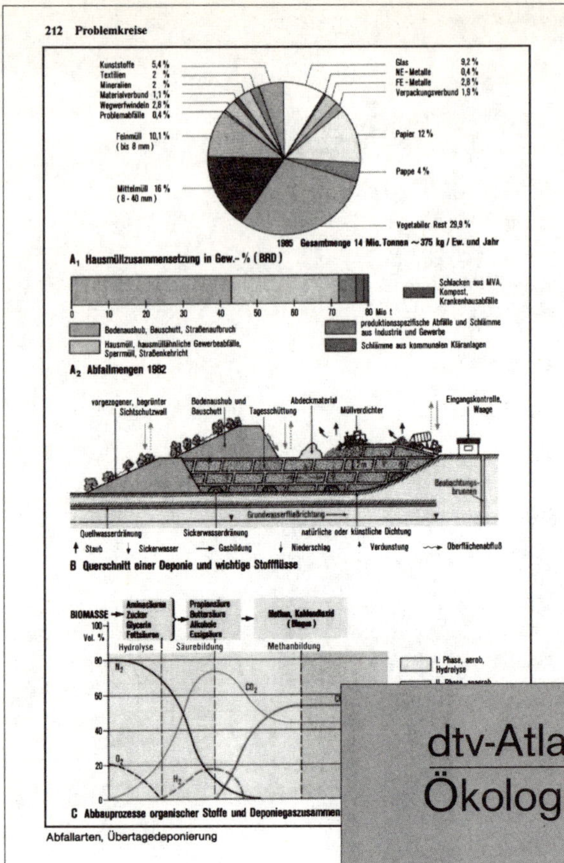

dtv-Atlas Ökologie
von Dieter Heinrich und
Manfred Hergt
122 Farbseiten
von R. und R. Fahnert
Originalausgabe
dtv 3228

Die Wissenschaft vom Lebendigen

Wörterbuch Biologie

Von Gertrud Scherf
Originalausgabe
dtv 32500

Als Wissenschaft vom Lebendigen erforscht die Biologie die Beziehungen von Organismen zueinander und zu ihrer Umwelt sowie die Vorgänge, die sich in lebenden Systemen abspielen. Das ›Wörterbuch Biologie‹ erklärt in rund 4500 Stichwörtern alle wichtigen Fachbegriffe aus der allgemeinen und speziellen Biologie. Es informiert wissenschaftlich exakt und zugleich allgemeinverständlich über die zentralen Bereiche der Biologie: von der Molekular-, Immun-, Evolutions-, Verhaltens-, Mikro- und Neurobiologie bis zur Morphologie, Cytologie, Genetik oder Ökologie. Relevante Fachbegriffe aus der systematischen Zoologie und Botanik, der Stoffwechsel- und Bewegungsphysiologie sowie Fortpflanzungs- und Entwicklungsbiologie sind gleichfalls berücksichtigt.
Mit 27 Abbildungen, einem tabellarischen Überblick zur Systematik der Organismen und einer Bibliographie.

dtv

Expeditionen in unbekannte Welten

Nigel Barley
Traumatische Tropen
Notizen aus meiner Lehmhütte
dtv 12399
Die Raupenplage
Von einem, der auszog, Ethnologie zu betreiben
dtv 12518
Hallo Mister Puttymann
Bei den Toraja in Indonesien
dtv 12580

Julia Blackburn
Daisy Bales in der Wüste
Eine Frau bei den Aborigines
dtv 30588

Mary Crow Dog
Lakota Woman
Die Geschichte einer Sioux-Frau
dtv 36104

Mary Crow Dog
Richard Erdoes
Ohitika Woman
dtv 30589

John Fire Lame Deer
Richard Erdoes
Tahca Ushte
Medizinmann der Sioux
dtv 20034

Archie Fire Lame Deer
Richard Erdoes
Medizinmann der Sioux
Tahca Ushtes Sohn erzählt von seinem Leben und seinem Volk
dtv 36057

Alexander Frater
Regen-Raga
dtv 20032

Rae Graham
Mashudu
Die weiße Zauberheilerin
dtv 36056

Hartmut Krech
Meine Seele wird nach Süden ziehen
Liebesgeschichten von Indianern aus der ersten Hälfte dieses Jahrhunderts
dtv 30508

Bernard Lewis
Der Atem Allahs
Die islamische Welt und der Westen
dtv 30640

Annemarie Schimmel
Berge, Wüsten, Heiligtümer
Meine Reisen in Pakistan und Indien
dtv 30639

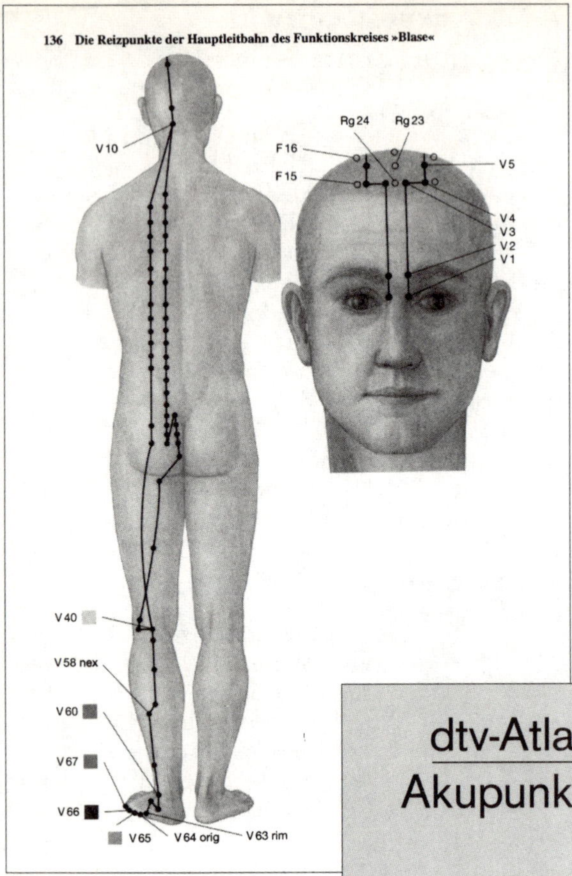
136 Die Reizpunkte der Hauptleitbahn des Funktionskreises »Blase«
V 10
Rg 24
Rg 23
F 16
F 15
V 5
V 4
V 3
V 2
V 1
V 40
V 58 nex
V 60
V 67
V 66
V 65
V 64 orig
V 63 rim

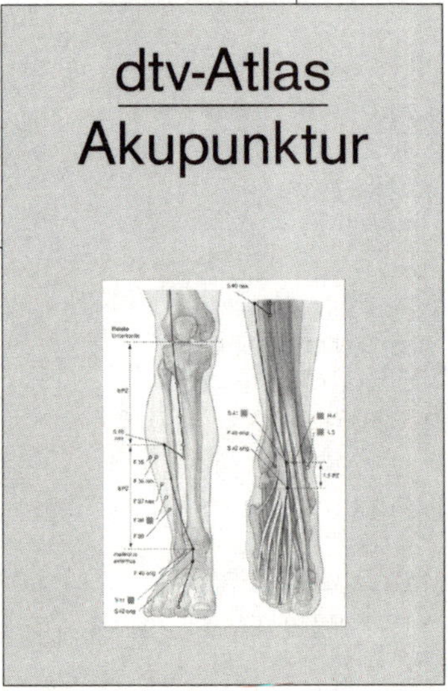
dtv-Atlas
Akupunktur

130 Nutzung / Netzartige Nutzungen: Fußwege 2
Bei Fußwegen an Verkehrsstraßen (Bürgersteig) ist ein Sicherheitsabstand von 0,50 m von der Bordsteinkante erforderlich (senkrechte rote Linie).
Reine Fußwege, insbesondere in Freiflächen, erfordern keine Sicherheitsabstände (Wegbreite voll nutzbar).
A Mindestbreite für 1 Person: 1,25 m ; Begegnung nicht möglich
G Fußgängergasse mit Einzelbäumen
B Mindestbreite für 1 Kinderwagen: 1,50 m ; Begegnung nicht möglich
H Öff. Fußweg zwischen eingezäunten privaten Grünflächen (Hausgärten)
C Mindestbreite für Begegnung von 2 Kinderwagen: 2,50 m
I Öff. Fußweg, begrenzt durch Hecken, z.B. in Gewerbegebieten
D Allee aus kleinkronigen Bäumen
E Aufstellen von Pflanzschalen
J Öff. Fußweg, eingefaßt mit freiwachsenden Sträuchern, in Baugebieten
F Ruhebänke, Pflanzschalen und -streifen
K Öff. Fußweg, beidseitig bepflanzt, auch
L Öffentlicher Fußweg, mit beidseitigen Strauch- und Baumgruppen
A-L Breiten von Bürgersteigen (A-F) und von reinen Fußwegen

dtv-Atlas
Stadt
Von den ersten Gründungen bis zur modernen Stadtplanung

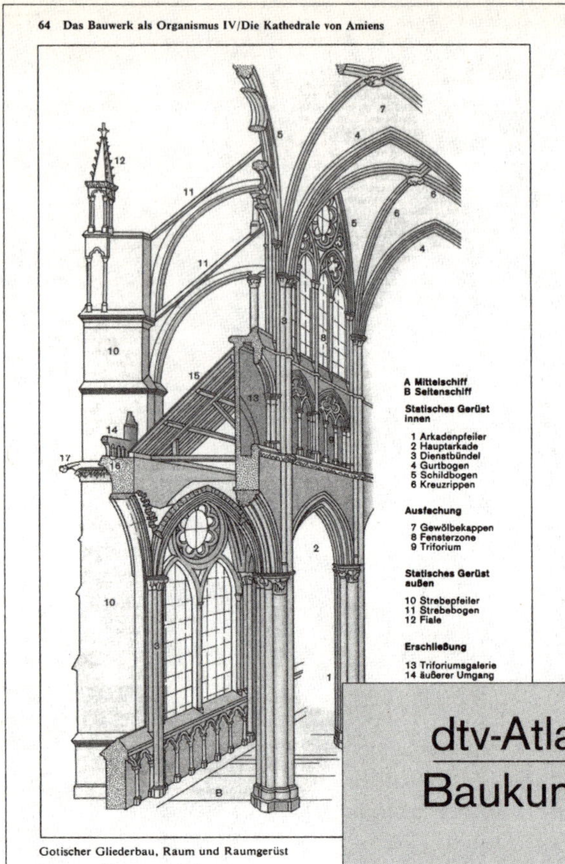
64 Das Bauwerk als Organismus IV/Die Kathedrale von Amiens
A Mittelschiff
B Seitenschiff
Statisches Gerüst innen
1 Arkadenpfeiler
2 Hauptarkade
3 Dienstbündel
4 Gurtbogen
5 Schildbogen
6 Kreuzrippen
Ausfachung
7 Gewölbekappen
8 Fensterzone
9 Triforium
Statisches Gerüst außen
10 Strebepfeiler
11 Strebebogen
12 Fiale
Erschließung
13 Triforiumsgalerie
14 äußerer Umgang
Gotischer Gliederbau, Raum und Raumgerüst

dtv-Atlas
Baukunst
Band 2
Baugeschichte
von der Romanik bis
zur Gegenwart